DOGS&CATS

DOGS&CATS

DOGS&CATS
可愛の掌心貓狗動物偶

Contents

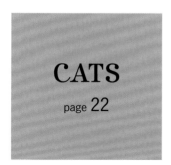

CATS
page 22

White Cat & Brown Cat
白色貓・褐色貓
page 24·25

Munchkin
臘腸貓
page 26·27

Kitten
幼貓
page 28

Calico Cat
三色貓
page 29

American Shorthair
美國短毛貓
page 30·31

Little Animals
一直陪伴在身邊の
小小動物偶

小狗吉祥物×4
page 32·33

臘腸犬吉祥物
page 34

貓咪吉祥物
35 page

DOGS

大學畢業之後，我就決定以布偶設計師為起點，踏入社會。

起初雖然親手縫製了很多布偶，但卻很難依照想像中的形狀去完成作品。

經歷過無數次的失敗＆在製作過程中不斷摸索，

紙型的製作、布料的選擇、表情的呈現……

在這期間，漸漸地，即使哪裡好像缺少了什麼，也與想像中的作品相差不遠了！

WELSH CORGI   CHIHUAHUA   TOY POODLE   SHIBA

一直以來，因為認為這是件值得作的事，所以才能持續地創作。
在已經累積了許多的小狗作品的現今，回想我第一次縫製的布偶也是小狗哩！
小狗依犬種不同，特徵都相當地明確，很容易就能夠在縫製布偶時表現出來。
時常以「狗是忠實的、喜歡與他人親近」等多方面向去思考是很重要的，
特別在製作表情時，這種容易與人親近的特質請一定要表現出來喔！

FRENCH
BULLDOG

GOLDEN
RETRIEVER

PUG

BEAGLE

MINIATURE
DACHSHUND

Golden Retriever
黃金獵犬

在下半身填入塑膠粒，
以適當的重量呈現舒適坐姿的布偶。
耳朵前端也填入塑膠粒，
表現出獵犬的垂耳特徵。
側旁較大的褐色小狗也以相同作法製作。

★作法 Lesson　　page 36至44

Shiba
柴犬

身為日本犬代表的柴犬，
特徵是立起的小耳朵＆如眉毛般的可愛斑點。
作出精力充沛又機靈的表情
就大功告成了！

How to make　page 52
（威爾斯柯基為page16的作品）

Toy Poodle

泰迪熊貴賓犬

泰迪熊貴賓犬蓬鬆的毛皮
是以一種稱為綿羊毛的布料縫製,
也可以搜尋泰迪熊用材料進行製作。
耳朵以外的部分,
紙型&作法皆與黃金獵犬相同。

How to make　page 61

- DOGS -

Chihuahua

吉娃娃

可愛的吉娃娃,小小的身體有著大大的眼睛&耳朵。
以黃金獵犬相同的紙型&作法作出慵懶的身形,
無論垂掛在椅背上取得平衡,
或一屁股直接坐在地上的姿勢都OK!

How to make　page 50
(作品褐色的黃金獵犬為page6・7的作品)

Miniature Dachshund

迷你臘腸犬

迷你臘腸犬擁有為了進入洞穴狩獵
而特有的長身 & 短腿體形。
短短的腿以扎實的棉花填入後,就能夠自行站立。
如果稍微挪動頭部與身體的中心後再縫合,
則可呈現歪頭的姿態。

How to make page 62

Welsh Corgi
威爾斯柯基犬

以深受英國王室喜愛的犬種而聞名，
嚴實縫合身體＆短腿所呈現出的平衡感
就是柯基的魅力代表！
將頸部至胸前＆腳掌以下替換成象牙白，
無需製作尾巴即可完成。

How to make　page 64

Beagle
米格魯

重現米格魯趴在地上的姿勢。
因為頭比較小，
與其他的狗布偶相比有幼犬的感覺。
前腳 & 後腳皆填入塑膠粒以增加重量。

How to make　page 60

Beagle
米格魯

重現米格魯趴在地上的姿勢。
因為頭比較小，
與其他的狗布偶相比有幼犬的感覺。
前腳＆後腳皆填入塑膠粒以增加重量。

How to make　page 60

French Bulldog
法國鬥牛犬

鼻子上的皺紋 & 如蝙蝠般的耳朵
是法國鬥牛犬的特徵。
為了呈現肌肉的質感 & 結實的身體線條
而使用許多紙型,
請參閱 page 45 的 Lesson 步驟,
循序漸進地縫製完成。

★作法 Lesson　page 45 至 48・材料等請參閱 page 79

Pug

巴哥犬

乖乖坐著的巴哥犬
一動也不動地等待著主人。
表情＆身體的作法大致上與法國鬥牛犬相同，
以與巴哥犬毛色相仿的毛巾布縫製而成。

How to make　page 66

CATS

本書的主題是以身旁容易接觸到的狗＆貓為製作布偶的契機出發，
從溫柔的坐姿、結實不失原形的姿態、吊掛在提袋上的吉祥物造型……
製作出能夠使用在喜歡的場景中的各種動物偶。
手縫動物偶最大的魅力在於能夠製作出自己喜愛的表情，
請依自己的印象去決定眼睛的位置，或繡出鼻子＆嘴巴吧！

CALICO CAT   AMERICAN SHORTHAIR   MUNCHKIN

貓咪的可愛＆隨心所欲的自由是牠的魅力所在。

要以紙型表現出貓咪如此可愛的部分需要花費很長的時間，

雖然現在仍有需要更加努力之處，但我已盡力將最好的部分表現出來。

希望透過你的雙手，能夠製作出更有魅力的貓咪。

如果這本書能夠幫助你縫製出心中刻畫的動物偶，那就太好了！

KITTEN

BROWN CAT

WHITE CAT

White Cat & Brown Cat

白色貓・褐色貓

在觸感極佳的人造纖維毛皮主體裡填入塑膠粒,
恰到好處地表現出貓咪柔軟的身形。
褐色貓咪採雙色拼接,
雖然增加了縫製步驟,
但身體的作法與黃金獵犬大致相同。

How to make　page 54

Munchkin

臘腸貓

腿雖然短小，卻很聰敏俊俏的臘腸貓。
貓咪的製作要點是眼睛要作得比狗大，
鼻子則是繡上小巧的尺寸。
將耳朵下方縫合固定於黃色部分，
就成了「垂耳貓」囉！

How to make　page 56

Kitten

幼貓

純白的人造纖維毛皮相當適合用來縫製幼貓。
趴姿則與 page 17 的米格魯作法大致相同。
有著短胖小腿的幼貓誕生了！

How to make　page 58

Calico Cat

三色貓

在白色毛巾布上以褐色系粉蠟筆繪出三色花紋，
作成與家中的貓咪相同的花斑，真的好可愛呀！
在身體裡扎實地填入棉花後，
完美再現貓咪端坐的姿態！

How to make　page 68
★花色的裝飾法參考page 48

American Shorthair

美國短毛貓

在毛巾布材質的身體上以粉蠟筆畫上條紋的美國短毛貓
與布作的花紋感覺不同。
作法同三色貓，眼睛則選用藍色的塑膠眼睛。

How to make　page 68
★ 花色的裝飾法參閱page 48
　（三色貓為page29的作品）

Little Animals

一直陪伴在身邊の小小動物偶

小狗吉祥物 × 4

身長約8cm，以毛巾布縫製而成，
能夠當作提袋或手機上的吊飾，是令人愉快的吉祥物。
展現犬種特微的表情變化是製作重點，
緞帶項圈＆鈕釦的裝飾則可依個人喜好自由變化。

How to make　page 74至77

FRENCH BULLDOG

GOLDEN RETRIEVER

WELSH CORGI

PUG

臘腸犬吉祥物

帶有修長的身形＆四足短腿，側面的身形十分討喜，
雖然小巧，但四隻腳站立絕對OK！
使用的紙型數量相對較少，
是三種吉祥物中作法最簡單的作品。
主體不使用毛料，改以平紋布縫合而更受注目；
雖然整體小巧，但還是建議以縫紉機進行縫製。

How to make　page 70

貓咪吉祥物

以兩種顏色的毛巾布料縫製的貓咪吉祥物，
在圓圓的屁股後連接一條長長的尾巴，
背影也很可愛哩！
因為部件很小，在縫合或翻回正面時，
每一個步驟皆需仔細地完成。

How to make　page 72

將下半部填入塑膠粒，完成坐姿動物偶的圖解教作。

此單元為本書作品的基礎作法，初學者請務必從黃金獵犬開始縫製。

★以下示範為小尺寸動物偶（黃色）的作法解說，大尺寸動物偶（褐色）作法亦同。

小尺寸動物偶（黃色）材料	HAMANAKA Excellent Fur・Rayon Disdress…黃色 35×40cm、不織布…杏色 10x12cm、HAMANAKA Plastic Eye…黑色9mm（H430-301-9）2個、棉花適量、塑膠粒約75g、5號繡線…黑色適量
大尺寸動物偶（褐色）材料	HAMANAKA Excellent Fur・Rayon Disdress…褐色 40×45cm、不織布…杏色 10x12cm、HAMANAKA Plastic Eye…黑色10mm（H430-301-10）2個、棉花適量、塑膠粒約85g、5號繡線…黑色適量

◎黃金獵犬の材料（亦為本書作品的基本材料）

Excellent Fur Rayon Disdress（H）

人造纖維製的毛皮布料，以波浪形的毛順為特徵。在沒有毛順的背面畫記，再進行裁剪。

（背面）

不織布

使用於布偶的腳底。由於不是布料，因此在不織布的紙型上沒有毛順的記號。

棉花
（泰迪熊用蓬鬆棉花・H）

使頭部更加扎實、使腹部更加鬆軟……依完成的狀態進行調整。

塑膠粒
（泰迪熊用塑膠粒・H）

小小的粒狀填充物。可以使布偶的下半部呈現垂墜感，或填入耳朵表現出適當的重量。

縫線
（左・60號車縫線、右・30號手縫線）

請搭配布料挑選相近的顏色。手縫時，穿入2條線對半後再開始縫製。

※為了使作法更容易理解，圖解示範使用了較醒目的色線。

5號繡線

繡製鼻子或嘴巴、腳爪的部分時使用。以單線縫繡即可。

眼睛
（Plastic Eye・H）

如鈕釦般，以縫線固定的眼睛。有各式各樣的大小。

其他材料
（本書其他作品所需的各種材料）

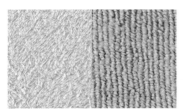

毛巾布

選用與作品顏色相稱的毛巾布。線圈並不是很粗的布因為延展性佳，操作不易，但運用在需要一定厚度的作品上也很不錯。

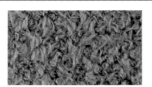

羊毛

使用於泰迪熊貴賓犬。像羊毛一樣柔軟捲曲，帶有顆粒狀毛順的絨織物。泰迪熊材料或絨織物、毛皮布料的商店皆有販售。

合成皮革

使用於法國鬥牛犬的眼白部分。質材很薄，即使裁剪下來也不會散開的人工皮革。

各式眼睛材料（皆為H）

左起為黑色的Solid Eye（插入式・使用於一部分吉祥物），黑色Plastic Eye與褐色Crystal Eye。請依布偶尺寸選擇合適的眼睛大小。

◎ 使用簡易 & 便利の用具

此單元將介紹縫製動物偶時會使用到的各種用具。
與圖中的物品不同也沒關係，活用在家就能取得且
使用起來也方便的物品替代也OK！

針
珠針（C）・布偶用縫針（H）・手縫針

手縫用的針 & 將布固定住的珠針。縫製眼睛、鼻子
或嘴巴時，建議使用長7至8cm左右的布偶用縫針
會更簡易方便。

疏縫線
疏縫專用的柔軟木棉線。在縫合
兩塊布之前，疏縫時使用。

裁縫剪・線剪（皆為C）
務必與剪紙用途分開，準
備專屬布用・線用的剪
刀。以布用的裁縫剪前端
裁剪細小的部位時也很容
易！

記號筆
左起為Tommy Marker、專用
消失筆・碰到水就會消失的
記號筆（KARISMA FABRIC
Marker，皆為K）。

在布的背面依紙型畫記時使
用，之後再以專用消失筆或
水將記號消除。記號用具是
不是用起來很簡單呢？

Bottom Sheet（H）
製作紙型時使用。半透明
的質材十分容易描繪，再
以剪刀剪下即可使用。

手工藝用白膠（H）
速乾型，且乾燥後為透明
無色，相當地便利。也可
以用於黏貼法國鬥牛犬眼
白等部分。

木錐（C）
在眼睛的位置穿一個小
孔，或將比較小的部件
翻回正面時使用。

充棉棒（H）
填入棉花時使用，或是
將腳部翻回正面時使
用。也可以使用長筷等
物品代替。

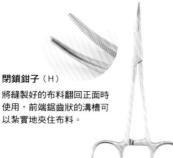

閉鎖鉗子（H）
將縫製好的布料翻回正面時
使用，前端鋸齒狀的溝槽可
以緊實地夾住布料。

布偶刷・指刷
以細針狀的金屬絲製成
的刷具，刷出縫合處被
縫入的毛皮時使用。以
針或木錐代替也OK。

P.36・37／H…HAMANAKA　C…CLOVER　K…金龜牌

依紙型畫記＆裁剪布料

以Bottom Sheet描繪＆裁剪下原寸紙型，將7個部件的紙型都準備好。

1 在布的背面放置紙型，紙型上的箭頭需與布料毛順的方向一致。撫摸布料正面（有毛順的一側），手動的方向沒有逆向抵抗感即為「毛順」。

・不織布 （無布紋）

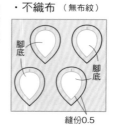

腳底
腳底
縫份0.5

[紙型の放置方式＆裁剪方向]

・Rayon Disdress

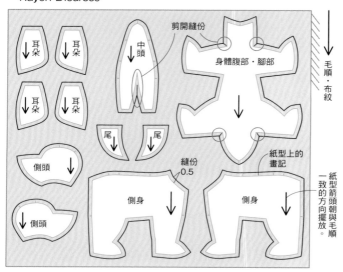

剪開縫份
中頭
耳朵
耳朵
耳朵
耳朵
身體腹部・腳部
尾
尾
側頭
縫份0.5
紙型上的畫記
側身
側身
側頭

毛順・布紋

紙型的箭頭朝向與毛順一致的方向擺放。

2 在紙型周圍以筆描繪出記號，騎縫的部分也不要忘記。指示「左右對稱各1片」時，1片以正常方式描繪，另1片則需將紙型翻轉後再描繪上記號。

（背面）

3 在步驟2描繪的記號線外多加0.5cm的縫份後裁剪下來。因為毛皮可能會飛散，建議可以在淺箱中進行作業。所有部件皆以相同方式裁剪下來。

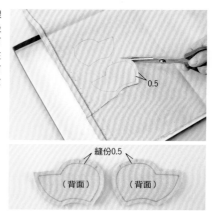

0.5

縫份0.5
（背面） （背面）

製作耳朵

4 將2片耳朵正面相對疊合。對合2片的記號後，以珠針固定，再在記號的外側邊緣以疏縫線疏縫。T至U記號間先進行半回針縫（手縫）後車縫，再將疏縫線移除。

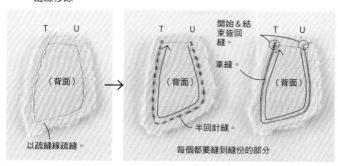

T U
（背面）
以疏縫線疏縫。

開始＆結束皆回縫
T U
（背面）
車縫。
半回針縫。
每個都要縫到縫份的部分

T U
（背面）

5 在步驟4的部件中間插入鉗子，確實地夾住最深處後翻回正面。調整形狀＆以小湯匙填入1匙（約2g）的塑膠粒。共需製作2個耳朵。

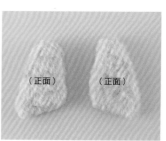

（正面） （正面）

製作頭部

●作法解說中的英文字母為原寸紙型中標註的騎縫記號。

●縫合部件的作法同page38步驟 4，先以珠針固定騎縫處後疏縫，再進行半回針縫＆車縫。縫合完成再將疏縫線移除。

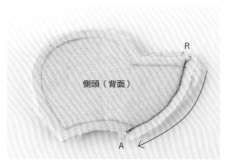

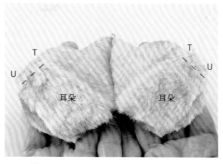

6 將2片側頭正面相對疊合，縫合鼻子下方R至A。縫合時，需從記號的外側至最外側（直至縫份處）縫合起來。

7 攤開側頭，以疏縫線將步驟 **5** 的耳朵疏縫於T至U的騎縫處，使耳朵端較長的部分（T）朝向鼻側。

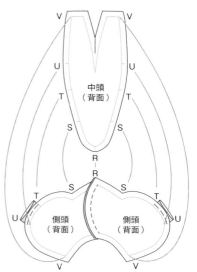

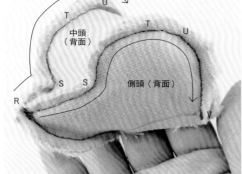

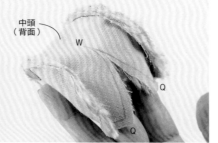

8 在2片側頭之間，縫合上中頭。如右圖所示，對合R・S・T・U・V的騎縫處，將從鼻尖的R開始至後頭的V皆縫合固定。中頭的打褶處（Q至W）則先不要縫合。

製作尾巴

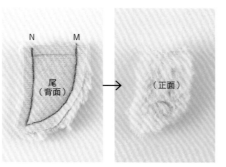

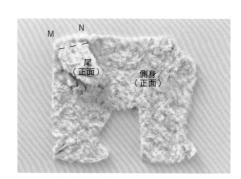

9 將2片尾巴正面相對疊合，縫合N至M，再翻回正面調整形狀。

10 將 **9** 的尾巴放置於側身正面，對合N至M的騎縫處＆以疏縫線疏縫縫合。

製作身體

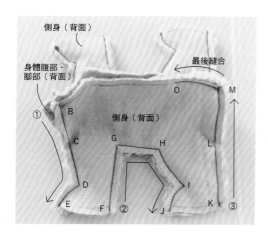

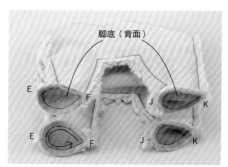

11 縫合側身2片＆身體腹部・腳部。首先，將其中一側的側身與腹部・腳部正面相對疊合，依序縫合B－C－D－E、F－G－H－I－J、K－L－M。另一側的側身與腹部・腳部同樣正面相對疊合，以相同作法縫合。最後再對合＆縫合側身的M－O。

12 將前腳的E－F、後腳的J－K正面相對疊合＆縫合。前、後腳底的紙型是共用的，如果太小難以車縫時，請以手縫的半回針縫法縫合。

13 將步驟8完成的頭部翻回正面，調整形狀。

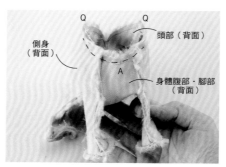

14 將頭部＆身體的頸部正面相對疊合，扎實地以疏縫線疏縫Q・A（前中心）・Q的騎縫處。

15 環繞般地縫合Q－A－Q，縫合完成後再將疏縫線移除。

16 從身體的中間拉出頭部。

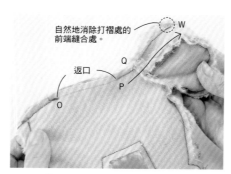

17 依P－Q－W，縫合背部至中頭的打褶處。O－P為返口，先不要縫合。

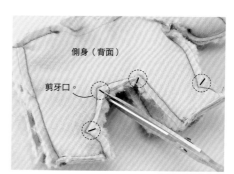

18 為了更容易翻回正面，側身＆腹部・腳部的縫份有4處需要剪開。另一側的身體也請在同樣的位置剪開。

翻回正面・填入棉花

19 從O－P的返口將整體翻回正面，再以手指伸入頭部，將鼻尖部分的形狀調整出來。腳的部分建議使用鉗子或充棉棒，在操作上會更容易一些。

20 全體都翻回正面時，以針的尖端從外側開始調整細小部分的形狀＆以針拉出縫合處被縫入的毛皮。

21 整體都已漂亮地翻回外側。

22 由返口從頭開始填入棉花。首先將鼻尖滿滿地填入棉花，因為之後會繡上鼻子＆嘴巴，這個部分要扎實地完成。

23 頭部整體扎實地填入完成。一次填入太多棉花會變得太硬，為了要製作出漂亮的形狀，請少量＆逐步地填入。

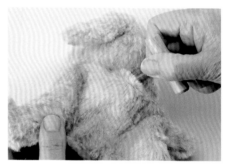

24 以充棉棒將前腳處也填入棉花，請從腳尖開始少量填入。

連接的部位
不要填入太多。

抓住
2隻前腳。

25 將2隻前腳根部確實填入棉花，腳部的連接部位則需注意不要填入過多，蓬鬆地填入即可。抓住2隻前腳可以防止不會填入過多棉花。

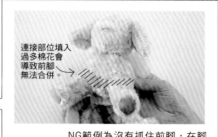

連接部位填入過多棉花會導致前腳無法合併。→

NG 範例

NG範例為沒有抓住前腳，在腳部連接部位填入過多棉花的情況。如果前腳太開，會限制制作完成後的作品形態。

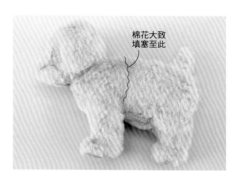

棉花大致
填塞至此

26 因為下半身還要填入塑膠粒，棉花先大約填塞至胸部附近即可。

填入塑膠粒・縫合返口

塑膠粒灑出來會很難整理，建議在淺箱中比較好作業。

27 將後腳填入塑膠粒。建議以厚紙張捲成話筒狀輔助填入會更方便。一直到腳尖的部分都要扎實地填入。

28 2隻後腳都扎實地填入塑膠粒後，從臀部至背部也填入塑膠粒（下半身整體約70g）。

29 在塑膠粒上方填入薄薄的棉花，直至塑膠粒不會從返口掉出，至完全覆蓋的程度即可。

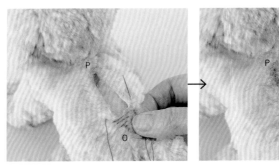

・コ字形縫合

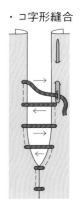

30 在返口處（O－P）以コ字形縫合起來。為了使兩側的布料交疊在一起，請確實地將縫線一邊拉緊一邊縫合。實際製作時請挑選與布料顏色相同的縫線，如此一來就不易發覺縫合處。

31 縫合至P，將結打在不顯眼處後，剪斷縫線。

32 在縫合處以布偶刷（或指刷）將縫入的毛海拉出（同page41步驟20，以針尖將毛海挑出來也OK）。

33 以刷子輕輕地整理整體毛順。黃金獵犬基本形狀完成。

裝接眼睛

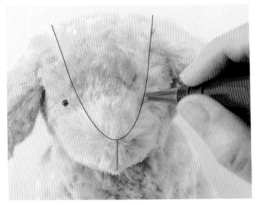

34 刺入珠針決定左右對稱的眼睛位置。以紙型騎縫處S的側邊為準，在稍往側頭的縫合處外面一些的位置，以木錐穿刺小孔。

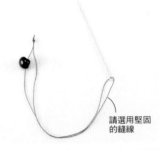

請選用堅固的縫線

35 以布偶用針穿入Plastic Eye上的孔洞。在孔洞中穿過1條縫線後，將兩端的線打結。

36 將針穿入步驟34穿出的小孔，再從下巴出針。

37 拉出布偶用針，將線留下一長段後剪斷。

38 另一邊的眼睛重覆步驟34至37相同作法裝接眼睛，但是從下巴的下方出針時，請距離步驟36的眼睛約0.5cm的位置再出針。

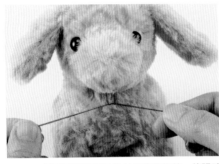

39 拉緊兩邊從下巴出針的線後打結，使眼睛牢牢地固定在凹洞中。以讓左右兩眼呈現相同表情的想法去拉扯縫線，調整好後打結固定。

40 打2個結固定後，將線剪斷。

41 眼睛裝接完成。將毛皮裝飾上眼睛，再繡上鼻子＆嘴巴後，表情就更明確了！

繡上鼻子＆嘴巴

預計繡上
鼻子の位置
（在縫合線外側處）
※尺寸參閱page 51

42 以布偶用針穿過5號繡線。在線端打結，從下巴下方入針，從側頭縫合處附近外側的①出針。

43 從①旁延伸直線至②（側頭縫合處附近外側）將針穿入，在2個側頭的中心③將針穿出。

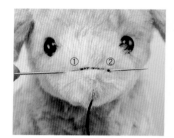

44 再一次從①將針穿入，從②穿出。

45 再一次從③將針穿入，從①將針穿出，完成三角形狀的鼻子輪廓，以便繡製鼻子。

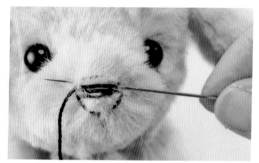

46 在步驟45的三角形中間，以繡線橫向穿縫填滿。針在三角形的內側穿出＆穿入，不要將線穿出輪廓外。

47 三角形以橫線方式繡滿後，從上方中心將針穿出。以此分開成左半邊＆右半邊，從三角形的中心開始以縱向的線繡滿。

48 由中心開始向左邊移動，使針沿著三角形的外側邊緣穿出再穿入，以一條一條並排的縱線繡滿。左半邊繡完後回到中心，右半邊繡法亦同。

49 鼻子繡製完成後，接著繡出嘴巴。從三角形的頂點的①開始將針穿出，從②穿入。再從③穿出，將線穿過垂直線的下方後，從④穿入。最後將針由下巴的下方穿出，打結後將線剪斷。

完成！

完成尺寸：坐姿約15cm。
（大尺寸動物偶約16.5cm）

因為是本書中紙型最多的作品，請確實掌握接縫處的位置，
只要依照順序縫合就不用擔心！
page21・22巴哥犬の作法，也請參考此處的法國鬥牛犬。

縫製前の準備　　以原寸紙型在白色＆黑色的毛巾布、不織布上作記號，並在周圍外加0.5cm的縫
份後將所有的部件剪下（請參閱page38）。 ※眼白的部件以合成皮革裁剪（不
需外加縫份）。

1 以補花的方式在中頭的上方縫製額頭。首先縫合ⓓ與
ⓕ的接縫處，額頭縫份以針的前端向中間一邊摺入，
一邊以立針縫縫合。（ⓓ側的直線部分請勿使用立針
縫）

2 同步驟1補花方式在耳朵上縫上內耳
（直線部分請勿使用立針縫），製作
出左右對稱的2片。

3 將步驟2與尚未補花的耳朵正面相對
疊合，縫合X至Y後再翻回正面。※
部件的縫合方法請參照page38步驟
4。

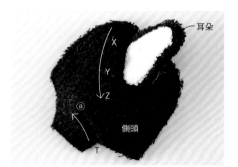

4 將步驟3的耳朵以疏縫線疏縫（X－Y）於側
頭部件上，並縫合X－Z與T－ⓐ的打褶處。
共製作2組。

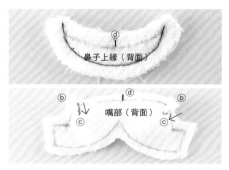

5 將2片鼻子上緣正面相對疊合，長曲線縫合
後翻回正面。將嘴部的2個打褶處（ⓑ－
ⓒ）縫合起來。

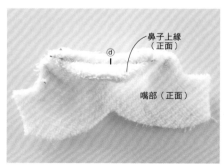

6 縫合嘴部外側＆鼻子上緣，再將中心的ⓓ縫
合起來。

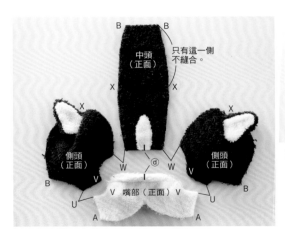

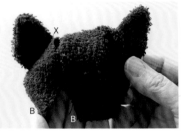

7 製作頭部。在2片側頭之間縫上中頭,以正面相對疊合的方式縫合W－X－B。將一側的W－X縫合,X－B先留著不要縫合。再使嘴部正面相對疊合,縫合U－V－ⓓ－V－U(上方圖片為翻回正面的模樣)。

8 在正面相對疊合的狀態下,縫合嘴部的打褶處A－ⓔ,完成頭部＆翻回正面整理形狀。

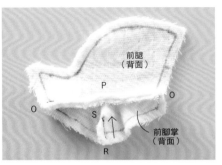

9 製作身體。首先縫合前腳掌的打褶處R－S,再將前腿正面相對疊合依O－P－O縫合起來。以上共製作2組。

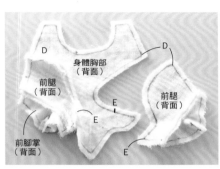

10 將身體胸部的兩側與前腿正面相對疊合＆縫合D－E。

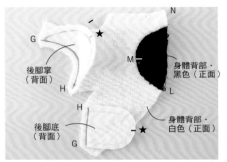

11 將身體背部的白色＆黑色正面相對疊合,依N－M－L縫合起來。後腳掌＆後腳底正面相對疊合,縫合短曲線G－H＆直線H－G。以上製作2組。

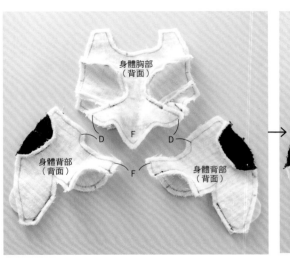

12 將步驟10的身體胸部兩側與步驟11的背部正面相對疊合,縫合F－D。

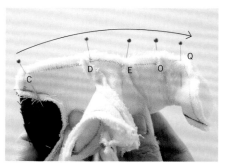

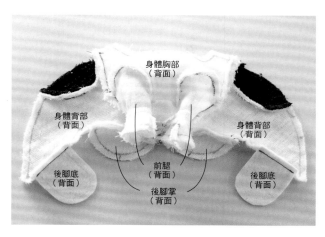

14 另一側的前腳與步驟13
的縫法相同。

身體胸部
（背面）

身體背部
（背面）

身體背部
（背面）

後腳底
（背面）

前腿
（背面）

後腳掌
（背面）

後腳底
（背面）

13 將步驟12的前腳以筒狀的方式正面相對
疊合，縫合Q與Q、O與O。再對合E・D・
C的騎縫處，依序縫合C至Q（C−D−E−
O−Q）。

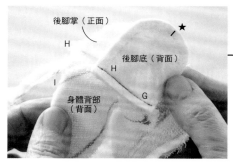

後腳掌（正面）

H

H

H

I

身體背部
（背面）

G

★

I

I

H

G

★

15 將後腳掌＆後腳底正面相對疊合，對合H・★・G。再從身體背部的打褶處I−H起，縫合至G。
（I−H−★−G）。

16 另一側後腳的縫法同步驟15。

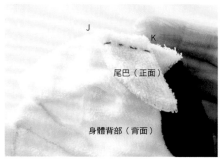

J

K

尾巴（正面）

身體背部（背面）

L

身體背部
（背面）

F

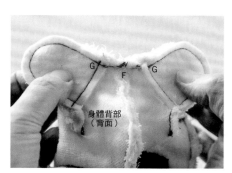

G

F

G

身體背部
（背面）

17 製作尾巴（參照page58步驟4）。將身
體背部正面相對疊合，以疏縫線疏縫縫合
J−K的騎縫處。

18 將身體背部2片正面相對疊合，依F−L縫
合。

19 將臀部底部的部分正面相對疊合，在2個
後腳之間依G−F−G縫合起來。

★製作略微側頭的法國鬥牛犬時，需在頭部的前中心A點與身體胸部接合時，稍微將中心移位一些。

20 使前腳掌與前腳底正面相對，疊合＆縫合R−Q（參閱page40步驟12），完成身體。

21 將頭部與身體的頸部正面相對疊合，依B−A−B環繞般縫合。返口的L−N先不要縫合，縫合N至X（N−C−B−X．參照page40步驟14至17），再將整體翻回正面。

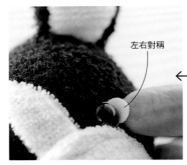

左右對稱

22 為了漂亮地呈現頭・腳・身體的整體外形，請將棉花紮實地填入＆縫合返口。參閱page43的眼睛裝接法，在將縫線牢固地打結之前，將眼白插入法國鬥牛犬眼睛下方＆黏貼上去。

23 繡上鼻子、嘴巴與腳爪（參閱page44＆79）。再以粉紅色的粉蠟筆在內耳中畫上薄薄的腮紅色，就完成了！

眼白

背面沾滿白膠。

Point Lesson　貓咪花紋の裝飾法
（三色貓・美國短毛貓）

作品 page 29至31　作法 page 68

以毛巾布料縫製的三色貓＆美國短毛貓在填入棉花將整體完成後，需以粉蠟筆畫上花紋。請一點一點地將顏色重疊上去，使顏色逐漸變深。參考右圖，將喜歡的花紋以粉蠟筆畫上去吧！

選用褐色＆深褐色的粉蠟筆。

選用深灰色的粉蠟筆。

※以粉蠟筆描繪花紋時，若不小心塗抹到或被水潑濕，會有掉色或暈染的情形，請特別留意。

How to make

作品の作法

★ 在page36至44・Lesson I・黃金獵犬教作中，已介紹了所有作品共同的基本作法。
在製作其他作品時，請先參閱一開始的Lesson圖解。

★ Lesson&作法頁中的長度若沒有特別標示，皆表示㎝。

★ 除了原寸紙型標示「直接裁剪（不需縫份或已包含縫份的意思）之外，其餘紙型周圍皆需外加0.5㎝的縫份
（吉祥物為0.3㎝）再裁剪布料。

★ 標示「○個部件」的作品表示該作品的紙型數量。依照動物偶種類的不同，紙型（部件）的數量也不一樣。
部件數量也包含與其他動物偶共同的紙型。開始製作作品之前，務必確認所有必備紙型是否齊全。

★ 騎縫處的字母標示依各個作品的不同而異。若有註明「○○的作法參閱page○」時，
請直接參閱該頁部件的縫合順序或位置，並確實核對騎縫處的字母標示。

★ 在裝接眼睛的位置使用木錐時，請特別留意⋯⋯
在布料織線＆織線間以木錐的尖端戳刺，使織眼的空間擴大，但不要讓木錐戳破布料或織眼。
由於毛巾布質地特別柔軟，請不要切斷織線。

★ 眼睛材料中，HAMANAKA Crystal Eye有隨附墊片（甜甜圈狀的金屬金具），但本書的動物偶不需要使用墊片。
參閱page75的使用方式，牢固地以白膠確實固定住，不要讓它掉落，等到完全乾燥之後再進行下一個步驟。
HAMANAKA Solid Eye使用方式亦同。

吉娃娃

作品 page 12・13　原寸紙型 A 面（9個部件）

●材料
HAMANAKA Excellent Fur・Rayon Disdress…黃色
37×35cm・象牙色12×15cm、不織布…杏色10×12
cm、HAMANAKA Plastic Eye…Crystal 褐色10.5mm
（H430-302-10）2個、棉花適量、塑膠粒約70g、5
號繡線…黑色適量

●完成尺寸　參閱圖示
●作法
※尾巴＆身體作法同黃金獵犬，參閱page39至42。
1　製作耳朵。外側耳朵為黃色，內側耳朵為象牙
　　色，請依紙型分別裁剪。
2　在側頭上接縫耳朵。
3　製作頭部。
4　製作尾巴＆疏縫於側身（參閱page39）。
5　製作身體（參閱page40）。
6　縫合頭部＆身體，再翻回正面（參閱page40至
　　41）。

7　填入棉花＆塑膠粒，再以コ字形縫合返口
　　（參閱page41至42）。
8　裝接上眼睛，繡上鼻子＆嘴巴
　　（參閱page43至44）。

[裁布圖]

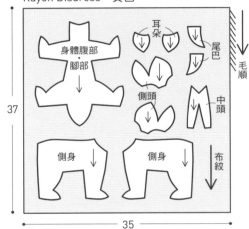

Rayon Disdress・黃色

※所有部件紙型皆需外加0.5cm縫份後再裁剪。

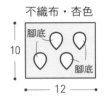

Rayon Disdress
象牙色

不織布・杏色

1 製作耳朵。

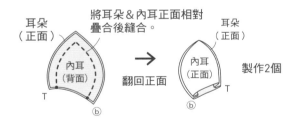

將耳朵＆內耳正面相對
疊合後縫合。

翻回正面

製作2個

2 在側頭上接縫耳朵。

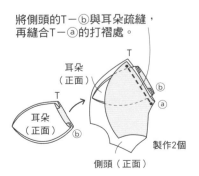

將側頭的T－ⓑ與耳朵疏縫，
再縫合T－ⓐ的打褶處。

製作2個

3 製作頭部。

①將側頭＆嘴部正面相對疊合，
　依R－Y－Z縫合起來
　（另一側縫法亦同）。

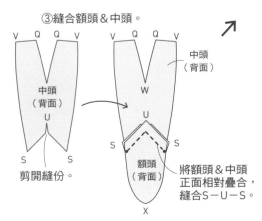

②將嘴部正面相對疊合，縫合X－A。

③縫合額頭＆中頭。

剪開縫份。

將額頭＆中頭
正面相對疊合，
縫合S－U－S。

4 製作尾巴（參閱page39）。

5 製作身體。

④將嘴部－側頭＆額頭－中頭部件
　正面相對疊合，
　依X－R－S－T－V縫合。

T

S

R

側頭（正面）

中頭
（背面）

S

T

額頭
（背面）

X

R

側頭
（背面）

嘴部
（背面）

V

V

※中頭的打褶處
　先不要縫合。

將側身與腹部・腳部正面相對疊合，
依①至④的順序縫合。

身體腹部・腳部
（背面）

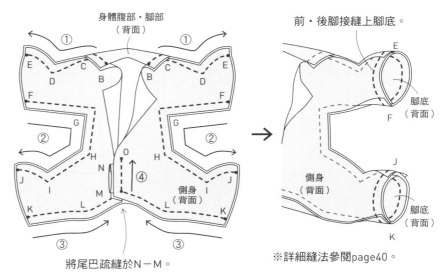

①

①

E

C

C

E

D

B

B

D

F

F

G

G

②

②

H

H

N

O

J

I

M

L

L

I

J

側身
（背面）

K

④

K

③

③

將尾巴疏縫於N－M。

前・後腳接縫上腳底。

E

腳底
（背面）

F

J

側身
（背面）

腳底
（背面）

K

※詳細縫法參閱page40。

6 縫合頭部＆身體，再翻回正面（參閱page40至41）。

7 填入棉花＆塑膠粒（參閱page41至42）。

8 裝接眼睛，繡上鼻子＆嘴巴（參閱page43至44）。

［完成圖］

◎製作表情。

修剪此處耳朵
前端的毛皮。

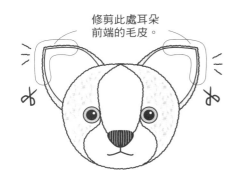

◎繡上鼻子＆嘴巴。

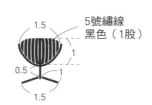

5號繡線
黑色（1股）

1.5

1

1

0.5

1.5

約
15

柴犬

作品 page8・9　原寸紙型 A面（11個部件）

●●●●●●●●●●●●●●●●●●●●●●●●●●●●●●●●●●●●●●

●材料

HAMANAKA Excellent Fur・Rayon Disdress…駝色33×45 cm・象牙色24×16cm、不織布…杏色10×12 cm・法蘭絨…杏色5×12cm、HAMANAKA Plastic Eye…黑色9mm（H430-301-9）2個、棉花適量、塑膠粒約70g、5號繡線…黑色適量

●完成尺寸　參閱圖示

●作法

1 製作耳朵。外側耳朵使用Rayon Disdress駝色，內側耳朵使用法蘭絨。

2 在側頭上接縫耳朵＆縫上打褶。

3 製作頭部。在中頭部件上將眉毛對摺後疏縫固定，再將側頭與嘴部縫合後，與中頭正面相對疊合＆縫合。

4 製作尾巴，疏縫於側身（參閱page39）。

5 將前・後腳的內側縫合於身體腹部。

6 縫合側身與步驟 5 的身體腹部前・後腳，再接縫上腳底（參閱page40）。

7 縫合頭部＆身體，翻回正面（參閱page40至41）。

8 填入棉花＆塑膠粒，以コ字形縫合返口（參閱page41至42）。

9 裝接眼睛，繡上鼻子＆嘴巴（參閱page43至44）。

[裁布圖]

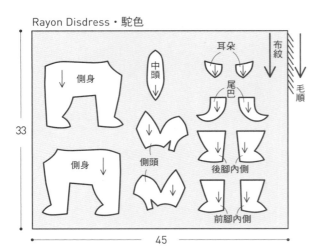

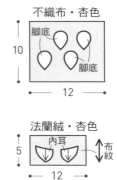

※直接剪下眉毛。

※除了眉毛之外，其餘部件紙型皆需外加0.5cm縫份後再裁剪。

1 製作耳朵。

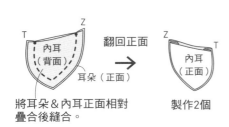

將耳朵＆內耳正面相對疊合後縫合。

製作2個

2 將耳朵接縫於側頭＆縫上打褶。

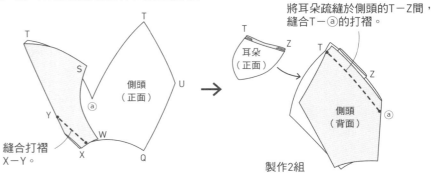

縫合打褶 X－Y。

將耳朵疏縫於側頭的T－Z間，縫合T－ⓐ的打褶。

製作2組

3 製作頭部。

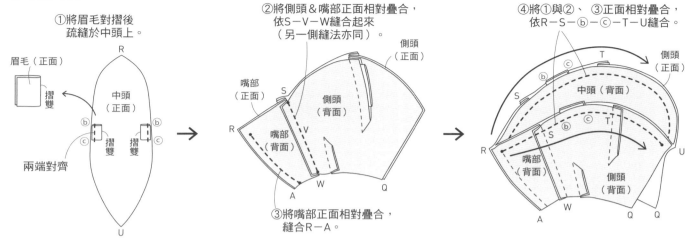

①將眉毛對摺後
疏縫於中頭上。

眉毛（正面）
摺雙
中頭
（正面）
ⓑ
摺雙 摺雙
ⓒ
兩端對齊
R
U

②將側頭＆嘴部正面相對疊合，
依S－V－W縫合起來
（另一側縫法亦同）。

側頭
（正面）
嘴部
（正面）
S
側頭
（背面）
R
嘴部
（背面）
V
A
W
Q

③將嘴部正面相對疊合，
縫合R－A。

④將①與②、③正面相對疊合，
依R－S－ⓑ－ⓒ－T－U縫合。

側頭
（正面）
ⓒ T
ⓑ
中頭（背面）
S
ⓑ ⓒ T
R S
嘴部
（背面）
側頭
（背面）
A
W
Q Q
U

4 製作尾巴（參閱page39）。

5 將前・後腳的內側
縫合於身體腹部。

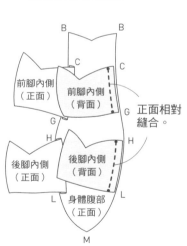

B B
C
前腳內側
（正面）
前腳內側
（背面）
C
G
G 正面相對
縫合。
H H
後腳內側
（正面）
後腳內側
（背面）
L
L
身體腹部
（正面）
M

6 縫合側身與步驟5的身體腹部＆前・後腳，
再接縫上腳底（參閱page40）。

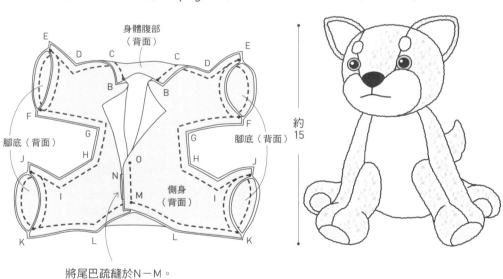

身體腹部
（背面）
E D C C D E
B B
F F
腳底（背面） G G 腳底（背面）
H O H
J N J
I M I
K 側身 K
L L （背面） L

將尾巴疏縫於N－M。

［完成圖］

約15

7 縫合頭部＆身體，翻回正面（參閱page40至41）。

8 填入棉花＆塑膠粒，再以ㄈ字形縫合返口
（參閱page41至42）。

9 裝接眼睛，繡上鼻子＆嘴巴（參閱page43至44）。

◎ 製作表情。

眉毛

◎ 繡上鼻子＆嘴巴。

5號繡線
黑色（1股）
1.5
1
0.5 1
1
1.5

白色貓・褐色貓

作品 page24・25
原寸紙型 **B**面（白貓6個部件・褐色貓8個部件）
••

●白色貓　材料
HAMANAKA Excellent Fur・Rayon Disdress…白色
40×30cm、法蘭絨…灰白色5×10cm、HAMANAKA
Plastic Eye…Crystal 褐色10.5mm（H430-302-10）2
個、棉花適量、塑膠粒約60g、5號繡線…粉紅色・
褐色各適量

●完成尺寸　參閱圖示
●作法
1 製作耳朵。外側耳朵使用Rayon Disdress，內側耳
　朵使用法蘭絨。
2 製作頭部。
3 縫合側身與腹部・腳部的腳掌打褶處。
4 製作尾巴，疏縫於側身（參閱page39）。
5 製作身體。
6 縫合頭部＆身體，翻回正面（參閱page57）。
7 填入棉花＆塑膠粒，再以コ字形縫合返口（參閱
　page41至42）。

8 裝接眼睛，繡上鼻子＆嘴巴（參閱page43至
　44）。
9 繡上腳爪（參閱page57）。

●褐色貓　材料
HAMANAKA Excellent Fur・Rayon Disdress…駝色
30×30cm・象牙色10×30cm、法蘭絨…灰白色5×10
cm、HAMANAKA Plastic Eye…Crystal 褐色10.5mm
（H430-302-10）2個、棉花適量、塑膠粒約60g、5
號繡線…粉紅色・褐色各適量

白色貓
［裁布圖］

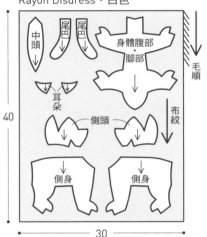

Rayon Disdress・白色

法蘭絨・灰白色

※所有部件紙型
皆需外加0.5cm
縫份後再裁剪。

1 製作耳朵。

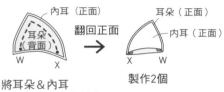

將耳朵＆內耳
正面相對疊合後縫合。

翻回正面
製作2個

2 製作頭部。

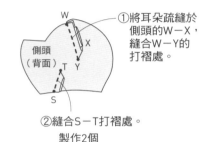

①將耳朵疏縫於
側頭的W－X，
縫合W－Y的
打褶處。

②縫合S－T打褶處。
製作2個

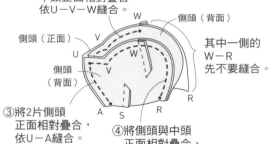

⑤將另一側的側頭與
中頭正面相對疊合，
依U－V－W縫合。

其中一側的
W－R
先不要縫合。

③將2片側頭
正面相對疊合，
依U－A縫合。

④將側頭與中頭
正面相對疊合，
依U－V－W－R縫合。

5 製作身體。

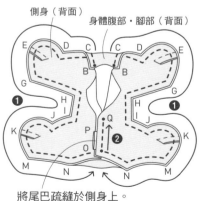

將尾巴疏縫於側身上。

①將側身與腹部・腳部正面相對疊合，
縫合❶B至O。

②對合側身，縫合❷O－Q。

3 縫合腳部前端打褶處。

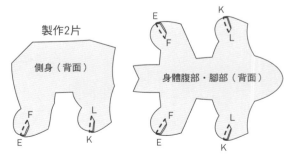

製作2片

側身（背面）

身體腹部・腳部（背面）

4 製作尾巴。

將2片正面相對疊合後縫合。

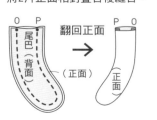

翻回正面

●完成尺寸　參閱圖示
●作法
頭部作法參閱page56的臘腸貓。側身與腹部・腳部
先與腳掌縫合，其餘作法皆同白色貓。

◎ 製作表情

裝飾上眼睛＆嘴巴後，
修剪多餘的毛皮，
使外觀看起來更加清爽。

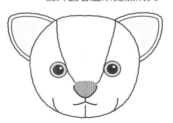

[完成圖]

約
13

粉紅色
（1股）

6　縫合頭部＆身體（參閱page57）。

7　填入棉花＆塑膠粒（參閱page41至42）。

8　裝接眼睛，繡上鼻子＆嘴巴（參閱page43至44）。

9　繡上腳爪（參閱page57）。

褐色貓
[裁布圖]

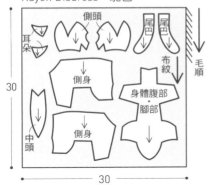

Rayon Disdress・駝色

側頭　尾巴　尾巴

耳朵

布紋

毛順

30

側身

身體腹部・
腳部

中頭

側身

30

Rayon Disdress・象牙色

10

嘴部　腳掌　腳掌

布紋

毛順

30

法蘭絨・灰白色

5

內耳

布紋

10

※所有部件紙型
皆需外加0.5cm縫份後
再裁剪。

1　製作耳朵（同白色貓）。

2　製作頭部（參閱page56）。

3　將側身與腹部・腳部的腳掌
連接起來，並將打褶處縫合。

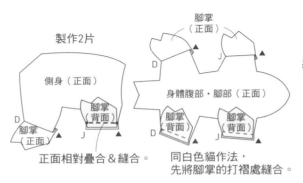

製作2片

側身（正面）

D

腳掌
正面

腳掌
（背面）

正面相對疊合＆縫合。

腳掌
（正面）

D　J

身體腹部・腳部（正面）

腳掌
背面

腳掌
背面

D　J

同白色貓作法，
先將腳掌的打褶處縫合。

4至9 作法同白色貓。

◎ 縫上鼻子＆嘴巴。

（白色貓・褐色貓共用）

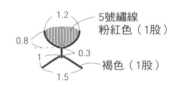

1.2　5號繡線
粉紅色（1股）

0.8

1　0.3

褐色（1股）

1.5

[完成圖]

約
13

褐色（1股）

臘腸貓

作品 page26・27　原寸紙型 **B**面（8個部件）

●材料（1隻）
HAMANAKA Excellent Fur・Rayon Disdress…白色 25×30cm・黃色（或褐色）20×30cm、法蘭絨…灰白色5×10cm、HAMANAKA Plastic Eye…Crystal 褐色10.5mm（H430-302-10）2個、棉花適量、塑膠粒約40ｇ、5號繡線…粉紅色・褐色各適量

●完成尺寸　參閱圖示
●作法
1　製作耳朵。外側耳朵使用Rayon Disdress黃色，內側耳朵使用法蘭絨（參閱page54）。
2　製作頭部。
3　縫合側身＆背部花紋。
4　縫合側身與腹部・腳部的腳掌打褶處（參閱page54）。
5　製作尾巴（參閱page54）＆疏縫於側身（參閱page39）。
6　製作身體（參閱page54）。

7　縫合頭部＆身體，翻回正面。
8　填入棉花＆塑膠粒，再以コ字形縫合返口（參閱page41至42）。
9　裝接眼睛，繡上鼻子＆嘴巴（參閱page43至44）。
10　繡上腳爪。
11　將黃色部分縫合固定於耳朵下方，作出垂耳狀。

〔 裁布圖 〕

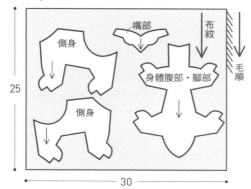

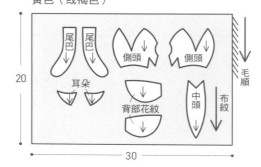

※所有部件紙型皆需外加0.5cm縫份後再裁剪。

1　製作耳朵（參閱page54）。
2　製作頭部。

①將耳朵疏縫於側頭W−X處，再縫合W−Y的打褶處（另一側縫法亦同）。

③將側頭與中頭正面相對疊合，依V−W−R縫合；另一側依V−W縫合，W−R則先不要縫合。

②縫合打褶處S−T（另一側縫法亦同）。

④將③與嘴部正面相對疊合，依S−ⓐ−V−U−V−ⓐ−S縫合。

⑤縫合嘴部Z−A。

3　縫合側身＆背部花紋。

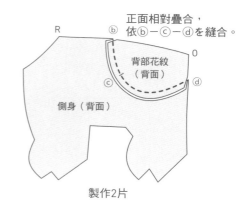

正面相對疊合，依ⓑ−ⓒ−ⓓを縫合。

製作2片

4 縫合側身與腹部‧腳部的
　腳掌打褶處（參閱page54）。

5 製作尾巴（參閱page54）。

6 製作身體（參閱page54）。

7 縫合頭部＆身體。

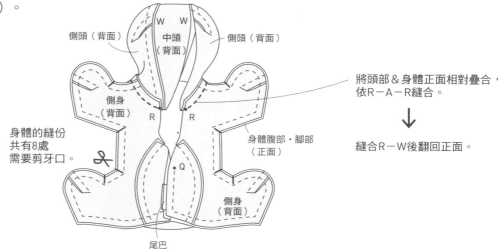

側頭（背面）　中頭（背面）　側頭（背面）

側身（背面）　R　R

身體的縫份
共有8處
需要剪牙口。

身體腹部‧腳部（正面）

將頭部＆身體正面相對疊合，
依R－A－R縫合。

↓

縫合R－W後翻回正面。

Q

側身（背面）

尾巴

8 填入棉花＆塑膠粒
　（參閱page41至42）。

9 裝接眼睛，繡上鼻子＆嘴巴
　（參閱page43至44）。

10 繡上腳爪。

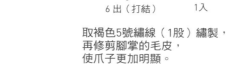

2出
5入
3入
4出
6出（打結）　　打結
1入

取褐色5號繡線（1股）繡製，
再修剪腳掌的毛皮，
使爪子更加明顯。

[完成圖]

◎製作表情。

裝飾上眼睛＆嘴巴後，
修剪多餘的毛皮，
使外觀看起來更加清爽。

◎繡上鼻子＆嘴巴。

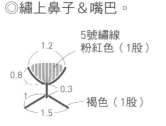

5號繡線
粉紅色（1股）

1.2
0.8
0.3
1
1.5
褐色（1股）

11 將黃色部分縫合固定於
　　耳朵下方，作出垂耳狀。

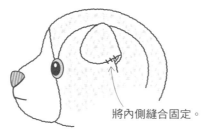

將內側縫合固定。

約
12

幼貓

作品 page28　原寸紙型 B面（7個部件）
••••••••••••••••••••••••••••••••••••••

●材料（1隻）
HAMANAKA Excellent Fur・Rayon Disdress…白色
25×50cm・褐色（或黃色）12×15cm、法蘭絨・灰
白色4×8cm、HAMANAKA Plastic Eye…Crystal 褐
色9mm（H430-302-9）2個、棉花適量、塑膠粒約20
g、5號繡線…粉紅色・褐色各適量

●完成尺寸　參閱圖示
●作法
1 製作耳朵。外側耳朵使用Rayon Disdress白色，內
　側耳朵使用法蘭絨。
2 側頭連接上耳朵，縫上打褶處。
3 製作頭部。
4 製作尾巴。
5 縫合側身＆背部花紋。
6 製作身體。
7 縫合頭部＆身體，翻回正面。

8 填入棉花＆塑膠粒（參閱page60），以コ字形縫
　合返口（參閱page42）。
9 裝接眼睛，繡上鼻子＆嘴巴（參閱page43至
　44），再繡上腳爪子（參閱page57）。

［裁布圖］

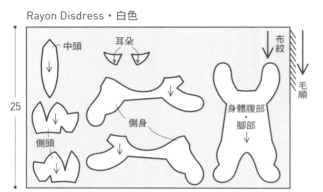

Rayon Disdress・白色

※所有部件紙型皆需外加0.5cm縫份後再裁剪。

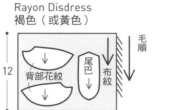

Rayon Disdress
褐色（或黃色）

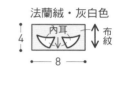

法蘭絨・灰白色

1 製作耳朵。

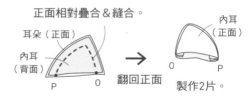

正面相對疊合＆縫合。

翻回正面　製作2片。

2 側頭連接上耳朵＆縫上打褶處。

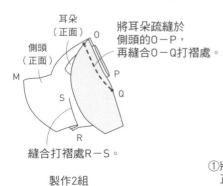

將耳朵疏縫於
側頭的O－P，
再縫合O－Q打褶處。

縫合打褶處R－S。

製作2組

3 製作頭部。

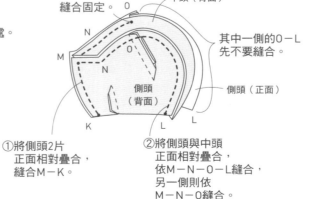

縫合固定。

其中一側的O－L
先不要縫合。

①將側頭2片
正面相對疊合，
縫合M－K。

②將側頭與中頭
正面相對疊合，
依M－N－O－L縫合，
另一側則依
M－N－O縫合。

4 製作尾巴。

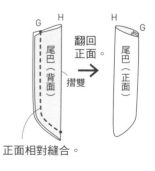

翻回
正面

摺雙

正面相對縫合。

5 縫合側身＆背部花紋。

正面相對疊合，
依H－I－J縫合
（另一側縫法亦同）。

6 製作身體。

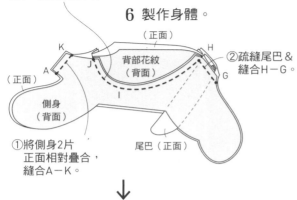

（正面）
（正面）
K
背部花紋
（背面）
H
A
J
②疏縫尾巴＆
縫合H－G。
（正面）
G
I
側身
（背面）

①將側身2片
正面相對疊合，
縫合A－K。

尾巴（正面）

↓

③將側身與腹部・腳部
正面相對疊合，對齊騎縫後縫合。

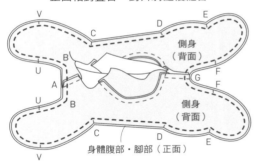

V
C
D
E
B
側身
（背面）
U
A
F
F
U
B
G
側身
（背面）
C
D
E
V
身體腹部・腳部（正面）

8 填入棉花＆塑膠粒（參閱page60）。

9 裝接眼睛＆繡上鼻子、嘴巴、腳爪
（參閱page43・44・57）。

◎製作表情。

裝飾上眼睛＆嘴巴後，
修剪多餘的毛皮，
使外觀看起來更加清爽

◎繡上鼻子＆嘴巴。

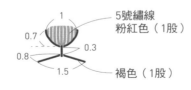

1
0.7
0.3
0.8
1.5

5號繡線
粉紅色（1股）

褐色（1股）

約
8

7 縫合頭部＆身體。

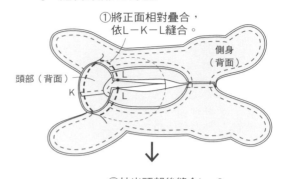

①將正面相對疊合，
依L－K－L縫合。

頭部（背面）
側身
（背面）
K
L
L

↓

②拉出頭部後縫合L－O。

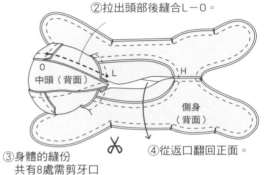

O
中頭（背面）
L
H
側身
（背面）

③身體的縫份
共有8處需剪牙口
（B・C・D・E）。

④從返口翻回正面。

[完成圖]

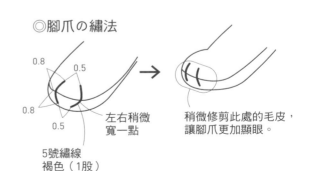

◎腳爪の繡法

0.8
0.5
0.8
0.5
0.5

左右稍微
寬一點

5號繡線
褐色（1股）

→

稍微修剪此處的毛皮，
讓腳爪更加顯眼。

米格魯

作品 page17 原寸紙型 B面（10個部件）

●●●●●●●●●●●●●●●●●●●●●●●●●●●●●●●●●●●●

●材料（1隻）
HAMANAKA Excellent Fur・Rayon Disdress…黃色25×25cm・白色22×25cm・褐色11×19cm、HAMANAKA Plastic Eye…黑色9mm（H430-301-9）2個、棉花適量、塑膠粒約20g、5號繡線…黑色適量

●完成尺寸　參閱圖示
●作法
※身體作法同幼貓（先將側身連接上前・後腳掌），
　參閱page58至59。
1 製作耳朵（參閱page38・填入塑膠粒）。
2 在側頭O－P處以疏縫方式縫上耳朵（製作2組）。
3 製作頭部。
4 製作尾巴（參閱page58）。
5 將背部花紋＆前・後腳掌縫合於側身。
6 製作身體（參閱page59）。

7 縫合頭部＆身體，翻回正面（參閱page59）。
8 填入棉花＆塑膠粒，再以コ字形縫合返口
　（參閱page42）。
9 製作表情。裝接眼睛，繡上鼻子＆嘴巴
　（參閱page43至44）。

［裁布圖］

Rayon Disdress・黃色

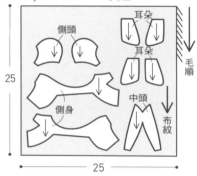

Rayon Disdress・白色

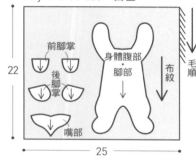

Rayon Disdress 褐色

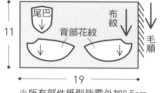

※所有部件紙型皆需外加0.5cm
縫份後再裁剪。

8 填入棉花＆塑膠粒。

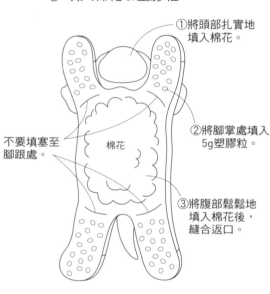

①將頭部扎實地填入棉花。

②將腳掌處填入5g塑膠粒。

③將腹部鬆鬆地填入棉花後，縫合返口。

不要填塞至腳跟處。

棉花

5 縫合側身與背部花紋及前・後腳掌。

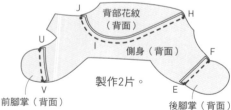

製作2片。

3 製作頭部。

②將嘴部正面相對疊合，依M－N－R－N－M縫合。

①側頭的O－P疏縫上耳朵後，與中頭正面相對疊合，依N－O－P－Q縫合。

③依T－M－K縫合。

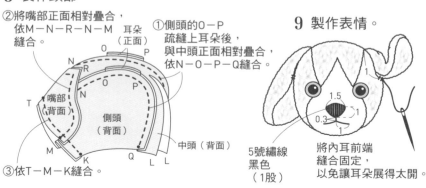

9 製作表情。

5號繡線
黑色
（1股）

將內耳前端縫合固定，以免讓耳朵展得太開。

1.5　1
0.3　1

［完成圖］

約8.5

泰迪熊貴賓犬

作品 10．11 page　原寸紙型 A 面(7個部件)

●材料（1隻）
羊毛絨織物…褐色（或杏色）33×40cm、不織布…
杏色10×12cm、法蘭絨…杏色8×12cm、HAMANAKA
Plastic Eye…黑色9mm（H430-301-9）2個、棉花適
量、塑膠粒70g、5號繡線…黑色適量

●完成尺寸　參閱圖示
●作法
※除了耳朵以外，其餘作法皆與黃金獵犬相同，參
　閱page39至44。
1　製作耳朵。外側耳朵使用羊毛，內側耳朵使用法
　蘭絨（參閱page38，填入塑膠粒）。
2　製作頭部（參閱page39）。
3　製作尾巴，疏縫於側身（參閱page39）。
4　製作身體（參閱page40）。

5　縫合頭部＆身體，翻回正面（參閱page40至
　41）。
6　填入棉花＆塑膠粒，再以コ字形縫合返口（參閱
　page41至42）。
7　裝接眼睛，繡上鼻子＆嘴巴（參閱page43至
　44），並將內耳前端縫合固定於頭部，以免耳朵
　展得太開。

［裁布圖］

羊毛絨織物・褐色（或杏色）

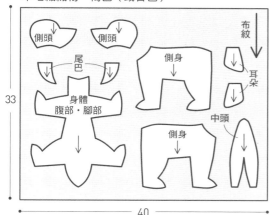

※所有部件紙型皆需外加0.5cm縫份後再裁剪。

不織布・杏色

法蘭絨・杏色

［完成圖］

約15

◎耳朵作法

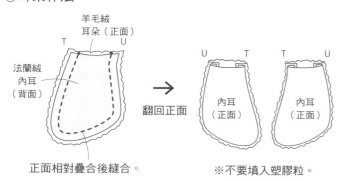

正面相對疊合後縫合。

翻回正面

※不要填入塑膠粒。

◎製作表情。

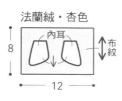

將內耳前端縫合
固定於頭部，
以免耳朵展得太開。

◎繡上鼻子＆嘴巴

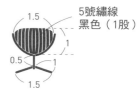

5號繡線
黑色（1股）

迷你臘腸犬

作品 page14・15　原寸紙型 A面（8個部件）

- -

●材料（1隻）
HAMANAKA Excellent Fur・Rayon Disdress…褐色
（或駝色）30×40cm、HAMANAKA Plastic Eye…
黑色9mm（H430-301-9）2個、棉花適量、塑膠粒約
5g、5號繡線…黑色適量

●完成尺寸　參閱圖示
●作法
1 製作耳朵（參閱page38）。
2 製作頭部。臉部面對正向時參閱page39。臉部面
　對側向時，其中一側Q－R先不要縫合，縫合頭部
　打褶處K－S。
3 製作尾巴＆疏縫於側身（參閱page39），再縫合
　連接身體腹部打褶處。
4 將前・後腳的內側縫合於身體腹部。
5 製作身體。

6 縫合頭部＆身體，翻回正面。於臉部面對側向
　時，將頭部的R與身體K的正面相對疊合，於頸部
　環繞般縫合。
7 將頭部・腳部・身體的整體確實填入棉花，再以
　コ字形縫合返口（參閱page42）。
8 裝接眼睛，繡上鼻子＆嘴巴（參閱page43至44）。

［裁布圖］

Rayon Disdress・褐色（或駝色）

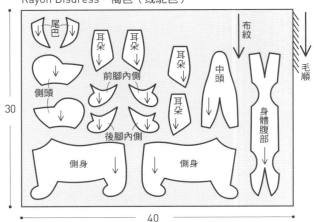

30

40

※所有部件紙型皆需外加0.5cm縫份後再裁剪。

1 製作耳朵（參閱page38）。

2 製作頭部。

◎頭部擺正の情況（褐色）

※參閱page39。

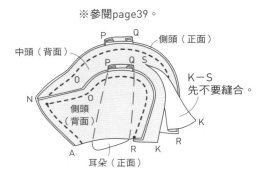

3 製作尾巴，縫合連接身體腹部打褶處。

4 將前・後腳的內側縫合於身體腹部。

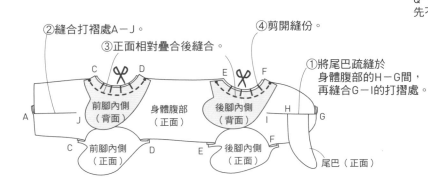

②縫合打褶處A－J。
③正面相對疊合後縫合。
④剪開縫份。
①將尾巴疏縫於
　身體腹部的H－G間，
　再縫合G－I的打褶處。

◎頭部側向の情況（駝色）

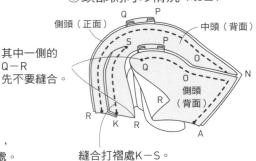

其中一側的
Q－R
先不要縫合。

縫合打褶處K－S。

5 製作身體。

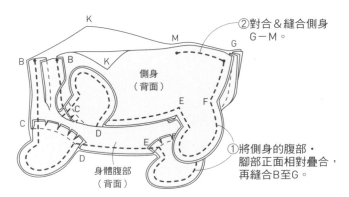

②對合＆縫合側身
G－M。

K

M

G

B B

K

C

側身
（背面）

E F

C

D

D

身體腹部
（背面）

①將側身的腹部・
腳部正面相對疊合，
再縫合B至G。

頭部側向の情況

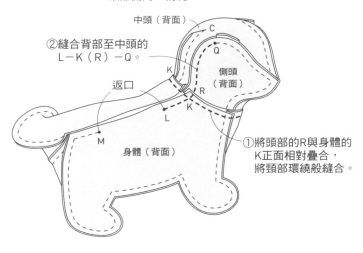

中頭（背面）

C

②縫合背部至中頭的
L－K（R）－Q。

Q

返口

K

側頭
（背面）

K

R

L

K

M

身體（背面）

①將頭部的R與身體的
K正面相對疊合，
將頸部環繞般縫合。

6 縫合頭部＆身體。

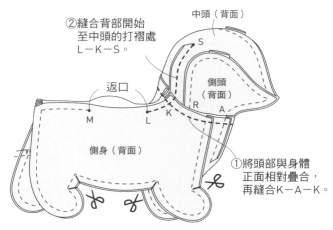

②縫合背部開始
至中頭的打褶處
L－K－S。

中頭（背面）

S

返口

側頭
（背面）

M

L

K

R

A

側身（背面）

①將頭部與身體
正面相對疊合，
再縫合K－A－K。

③身體的縫份
共有4處需剪牙口。
（另一側作法亦同）

［完成圖］

約
12.5

頭部擺正

7 將頭部＆身體的整體確實填入棉花。
8 裝接眼睛，繡上鼻子＆嘴巴（參閱page43至44）。

◎製作表情。

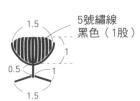

◎繡上鼻子＆嘴巴。

5號繡線
黑色（1股）

1.5

1

1

0.5

1.5

約
12.5

頭部側向

威爾斯柯基犬

作品 page16　原寸紙型 B面（9個部件）

●●●●●●●●●●●●●●●●●●●●●●●●●●●●●●●●●●●●●

●材料
HAMANAKA Excellent Fur・Rayon Disdress…象牙色25×25cm、褐色20×30cm、不織布…杏色10×10cm、HAMANAKA Plastic Eye…黑色10mm（H430-301-10）2個、棉花適量、5號繡線…黑色適量

●完成尺寸　參閱圖示
●作法
1 製作耳朵。外側耳朵為褐色，內側耳朵為象牙色，請依紙型分別裁剪。
2 縫合側頭＆嘴部。
3 將步驟2與額頭縫合起來。
4 縫合身體腹部打褶處A－B，再與腳部內側縫合（參閱page62）。
5 縫合側身打褶處S－T，再縫合腳掌。
6 製作身體。

7 縫合頭部＆身體，翻回正面。
8 將頭部、腳部、身體的整體確實填入棉花，再以ㄈ字形縫合返口（參閱page42）。
9 裝接眼睛，繡上鼻子＆嘴巴（參閱page43至44）。

［裁布圖］

Rayon Disdress・象牙色
內耳　嘴巴　布紋　毛順
額頭　腳掌　身體腹部　腳部內側
25
25

Rayon Disdress・褐色
耳朵　布紋　毛順
側身
20
側身　側頭
30

不織布・杏色
腳底
10
10

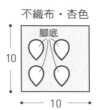

※所有部件紙型皆需外加0.5cm縫份後再裁剪。

---

1 製作耳朵

正面相對疊合後縫合。

耳朵（正面）
內耳（背面）
X

↓翻回正面

耳朵（正面）
內耳（正面）
Y　X

製作2個

2 縫合側頭＆嘴部。

耳朵（正面）
側頭（正面）
X
嘴部（正面）
ⓑ
嘴部（背面）
W
V
A　U

①將耳朵疏縫於X－Y，再縫合X－Z打褶處（另一側縫法亦同）。
X
Y
Z
側頭（背面）

③將嘴部正面相對，縫合ⓑ－A。
②將側頭與嘴部正面相對疊合，依W－V－U縫合（另一側縫法亦同）。

3 縫合步驟2＆額頭。

額頭（背面）
X
ⓑ
W
嘴部（背面）
側頭（背面）
ⓐ
C

正面相對疊合，依ⓑ－W－X－ⓐ縫合。
先不要縫合

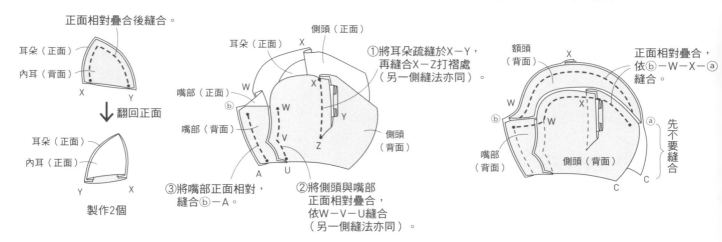

4 先縫合身體腹部打褶處，
再縫合腳部內側（參閱page62）。

5 先縫合側身打褶處S－T，
再縫合腳掌。

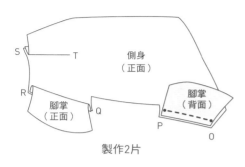

側身（正面）

腳掌（背面）

腳掌（正面）

製作2片

6 製作身體。

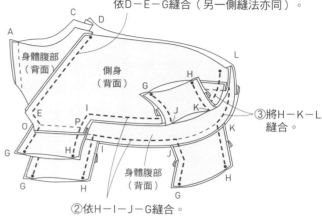

①將側身與腹部正面相對疊合，
依D－E－G縫合（另一側縫法亦同）。

身體腹部（背面）

側身（背面）

③將H－K－L縫合。

②依H－I－J－G縫合。

身體腹部（背面）

↓

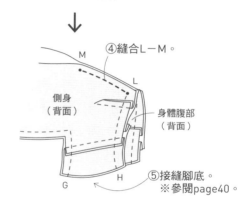

④縫合L－M。

側身（背面）

身體腹部（背面）

⑤接縫腳底。
※參閱page40。

7 縫合頭部＆身體。

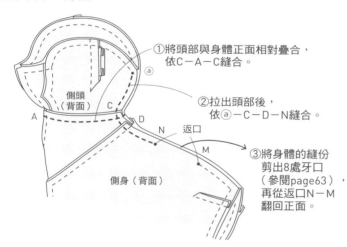

側頭（背面）

側身（背面）

①將頭部與身體正面相對疊合，
依C－A－C縫合。

②拉出頭部後，
依ⓐ－C－D－N縫合。

返口

③將身體的縫份
剪出8處牙口
（參閱page63），
再從返口N－M
翻回正面。

8 確實填入棉花。

9 裝接眼睛，繡上鼻子＆嘴巴
（參閱page43至44）。

◎繡上鼻子＆嘴巴。

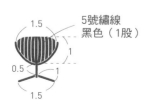

5號繡線
黑色（1股）

◎製作表情。

[完成圖]

約13

巴哥犬

作品 page20・21　原寸紙型 **A**面（13個部件）

● ●

●材料

毛巾布…淡褐色35×40cm・深褐色10×20cm、不織布…杏色12×10cm、法蘭絨…深褐色7×12cm、HAMANAKA Plastic Eye…黑色10mm（H430-301-10）2個、棉花適量、5號繡線…黑色・褐色各適量

●完成尺寸　參閱圖示
●作法
※身體的作法與黃金獵犬相同，參閱page46至48。

1　製作耳朵。外側耳朵為褐色毛巾布，內側耳朵為法蘭絨，請依紙型分別裁剪。

2　側頭連接上耳朵，縫上打褶處。

3　縫合側頭＆中頭。

4　縫合嘴部打褶處。

5　製作鼻子上緣。

6　縫合嘴部＆鼻子上緣。

7　將嘴部與3縫合起來。

8　將嘴部正面相對疊合，縫合側頭的A至ⓔ處。

9　製作尾巴（參閱page58）。

10　製作身體（參閱page46至48）。

11　縫合頭部＆身體，翻回正面。

12　將頭部・腳部、身體的整體確實填入棉花，再以コ字形縫合返口（參閱page42）。

13　裝飾上眼睛（參閱page43）。

14　繡上鼻子＆嘴巴（參閱page44），再繡上腳爪（參閱page79）。

15　沿著鼻子上緣的線條至雙眼間的凹陷處，製作表情（參閱page75）。耳朵向前傾倒後縫合固定。

[裁布圖]

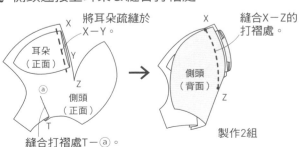

※所有部件紙型皆需外加0.5cm縫份後再裁剪。

1　製作耳朵。

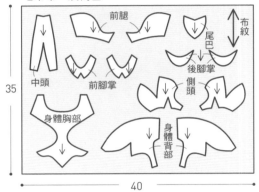

2　側頭連接上耳朵＆縫合打褶處。

3　縫合側頭＆中頭。

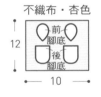

將側頭＆中頭正面相對疊合，依W−X−B縫合。

4　縫合嘴部打褶處。

5　製作鼻子上緣。

6　縫合嘴部＆鼻子上緣。

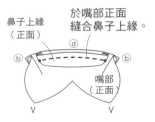

7 縫合嘴部&步驟3。

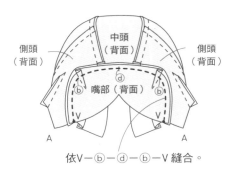

側頭（背面）　中頭（背面）　側頭（背面）
嘴部（背面）
d
b　b
V　V
A　A

依V－b－d－b－V縫合。

8 縫合側頭的A至e。

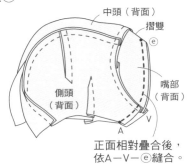

中頭（背面）
摺雙
e
側頭（背面）
嘴部（背面）
A　V

正面相對疊合後，
依A－V－e縫合。

9 製作尾巴（參閱page58）。

10 製作身體（參閱page46至48）。

11 縫合頭部&身體，翻回正面。

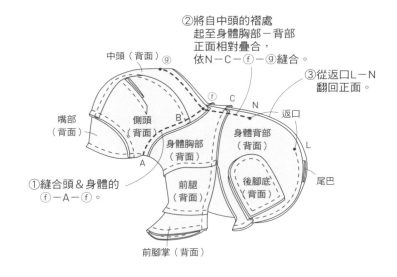

②將自中頭的褶處
起至身體胸部－背部
正面相對疊合，
依N－C－f－⑨縫合。

中頭（背面）　g
f　C　N
③從返口L－N
翻回正面。
返口
嘴部（背面）
側頭（背面）
B
身體胸部（背面）
身體背部（背面）
A
後腳底（背面）
L
尾巴
①縫合頭&身體的
f－A－f。
前腿（背面）
前腳掌（背面）

12 確實填入棉花。

13 裝飾上眼睛（參閱page43）。

14 繡上鼻子、嘴巴、腳爪。

※鼻子&嘴巴繡法參閱page44。
　腳爪子繡法參閱page79。

◎鼻子&嘴巴の繡法

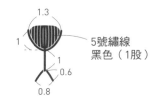

1.3
1
1
0.6
0.8
5號繡線
黑色（1股）

[完成圖]

約
14.5

5號繡線
褐色（1股）

15 作出眼睛&眼睛之間的凹陷處。
　（參閱page75）

仰視圖

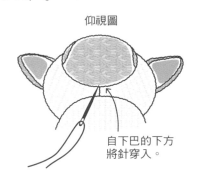

自下巴的下方
將針穿入。

◎製作表情。

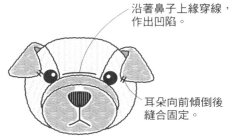

沿著鼻子上緣穿線，
作出凹陷。

耳朵向前傾倒後
縫合固定。

三色貓‧美國短毛貓

作品 page29至31　原寸紙型 B 面（各12個部件）

●三色貓　材料

毛巾布…白色30×41cm、不織布…白色10×10cm、HAMANAKA Plastic Eye…Crystal 褐色9mm（H430-302-9）2個、棉花適量、25號繡線…粉紅色‧深褐色 各適量、粉蠟筆…褐色‧深褐色‧粉紅色

●美國短毛貓　材料

毛巾布…灰色30×35cm、白色13×17cm、不織布…白色10×10cm、HAMANAKA Plastic Eye…Crystal 藍色9mm（H430-303-9）2個、棉花適量、25號繡線…粉紅色‧深褐色 各適量、粉蠟筆…深灰色‧粉紅色

●完成尺寸　參閱圖示

●作法（三色貓‧美國短毛貓共用）

※頭的作法參閱page56。

1 製作耳朵（參閱page54）。美國短毛貓的外耳為灰色，內耳為白色（三色貓兩者皆為白色）。

2 側頭以疏縫連接上耳朵，並在兩處縫製打褶（製作2組）。

3 將側頭 & 中頭正面相對疊合，依P－R－S縫合（打褶處W－X先不要縫合）。

4 縫合嘴部 & 步驟 3，完成頭部。

5 縫合身體胸部兩側 & 前腳內側。

6 將前腳外側縫合於步驟 5 的兩側。

7 縫合前腳底部。

8 於身體背部將後腳前端與底部縫合。

9 縫合步驟 7 兩側的身體背部。

10 製作尾巴，疏縫於身體背部。

美國短毛貓

[裁布圖]　※三色貓除了前、後腳底之外，皆使用白色毛巾布。

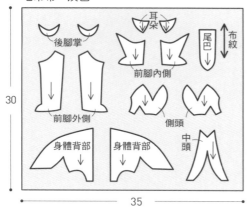

毛巾布‧灰色

30 ┊ 35

耳朵　後腳掌　前腳內側　尾巴　布紋　前腳外側　側頭　身體背部　身體背部　中頭

毛巾布‧白色

內耳　身體胸部　嘴部　布紋　13 ┊ 17

不織布‧白色

前腳底　後腳底　10 ┊ 10

※所有部件紙型皆需外加0.5cm縫份後再裁剪。

---

1 製作耳朵（參閱page54）。

2 將耳朵疏縫於側頭R－Y，縫合打褶處R－Z與U－ⓐ。

3 將側頭 & 中頭正面相對疊合，依P－R－S縫合。

4 縫合側頭－中頭 & 嘴部。

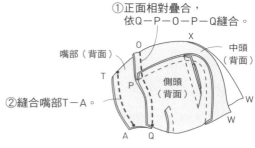

①正面相對疊合，依Q－P－O－P－Q縫合。

嘴部（背面）　中頭（背面）　側頭（背面）

②縫合嘴部T－A。

---

5 將身體胸部兩側與前腳內側縫合。

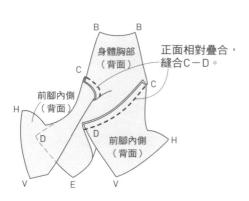

身體胸部（背面）　正面相對疊合，縫合C－D。　前腳內側（背面）　前腳內側（背面）

6 縫合身體胸部－前腳內側 & 前腳外側。

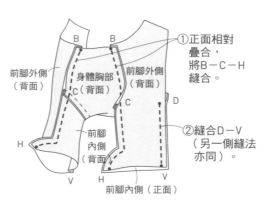

前腳外側（背面）　身體胸部（背面）　前腳外側（背面）　①正面相對疊合，將B－C－H縫合。　前腳內側（背面）　②縫合D－V（另一側縫法亦同）。　前腳內側（正面）

7 縫合前腳底部。

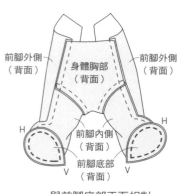

前腳外側（背面）　身體胸部（背面）　前腳外側（背面）　前腳內側（背面）　前腳底部（背面）

與前腳底部正面相對疊合 & 縫合。

11 縫合身體背部的打褶處N－G，再接縫至後腳的
　 F（N－G－I－F，參閱page47的15・16）。

12 縫合身體背部的E－L，再縫合後腳（參閱
　 page47的18・19）。

13 縫合頭部＆身體，再將頭部拉出。返口L－M先
　 不要縫合，縫合M－W－X後，翻回正面。

14 將頭部・腳部・身體的整體確實填入棉花，
　 以コ字形縫合返口（參閱page42）。

15 裝飾上眼睛，繡上鼻子、嘴巴、腳爪
　 （參閱page43至44・page79）。

16 以粉蠟筆於頭部＆身體上裝飾花紋
　 （參閱page48）。

8 於身體背部縫合後腳前端＆底部。

9 縫合前腳外側－身體胸部＆身體背部。

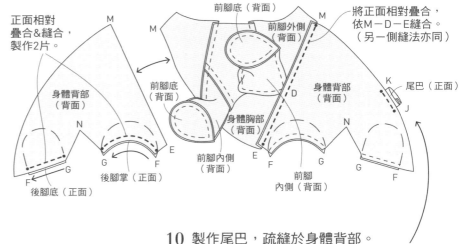

10 製作尾巴，疏縫於身體背部。

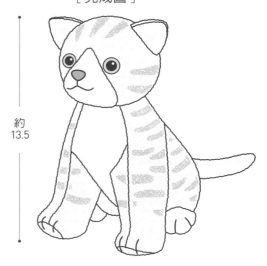

翻回正面，
疏縫身體背部的
J－K。

摺雙
（背面）

正面相對疊合後縫合。

11 縫合身體背部的打褶處N－G，
　 再接縫至後腳的F（參閱page47）。

12 縫合身體背部的E－L，再將2隻後腳間
　 依F－E－F縫合（參閱page47）。

13 先縫合頭部＆身體W－A－W，
　 再縫合前腳外側到中頭的M－W－X（參閱page48）。

14 確實填入棉花。

15 腳裝飾上眼睛，繡上鼻子、嘴巴、腳爪。

［完成圖］

◎繡上鼻子＆嘴巴。

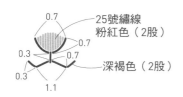

25號繡線
粉紅色（2股）

深褐色（2股）

◎製作表情。

以粉紅色
粉蠟筆
畫上陰影

◎繡上腳爪。

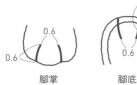

25號繡線
深褐色（2股）

腳掌　　　腳底

※眼睛裝接方法參閱page43。
　鼻子＆嘴巴繡法參閱page44。
　腳爪繡法參閱page79。

約
13.5

16 以粉蠟筆於頭部＆身體裝飾上花紋
　 （參閱page48）。

臘腸犬吉祥物

作品 page34　原寸紙型 **B**面（7個部件）

●●●●●●●●●●●●●●●●●●●●●●●●●

●材料（1隻）
點點綿布（或羊毛・法蘭絨）18×22cm、法蘭絨…
褐色8×8cm、HAMANAKA 串珠式眼睛…黑色3mm
（H430-104-3）2個、棉花適量、25號繡線…黑色適
量、寬0.3cm緞帶12cm、直徑0.5cm鈕釦1個、直徑0.1
cm圓繩3cm、直徑0.2cm珠鍊15cm

●完成尺寸　參閱圖示
●作法
※在紙型周圍外加0.3cm的縫份後再裁剪。整體作法
參閱page62至63的迷你臘腸犬。
1 製作耳朵。
2 將圓繩作一繩圈縫合固定於中頭＆製作頭部。
3 製作尾巴，疏縫於側身。
4 將腳部的內側縫合於身體腹部（參閱page62）。
5 製作身體（參閱page63）。
6 縫合頭部＆身體，翻回正面。

7 將頭部・腳部・身體的整體確實填入棉花。以コ
字形縫合返口（參閱page42）。
8 裝接眼睛，繡上鼻子＆嘴巴，鼻子與嘴巴的繡法
參閱page44。再於脖子繫上緞帶後，縫上鈕釦固
定，並在繩圈中穿過珠鍊。

[裁布圖]

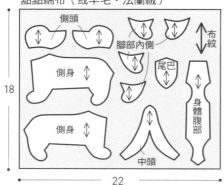

點點綿布（或羊毛・法蘭絨）

側頭　脚部內側　尾巴　布紋
側身　中頭　身體腹部
18
22

法蘭絨・褐色

耳　耳　布紋
耳　耳
8
8

※所有部件紙型皆需外加0.3cm縫份後再裁剪。

1 製作耳朵。

M　N　（正面）　N　M

耳朵（背面）　翻回正面　耳朵（正面）

正面相對疊合後縫合。　製作2個

2 製作頭部。

在繩圈位置的縫份上，
將繩圈縫牢。

以回針縫牢牢固定　0.5

中頭（正面）

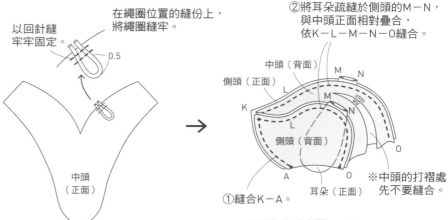

②將耳朵疏縫於側頭的M－N，
與中頭正面相對疊合，
依K－L－M－N－O縫合。

中頭（背面）　M　N
側頭（正面）　L　M　N
K　L
側頭（背面）　O

①縫合K－A。　耳朵（正面）

※中頭的打褶處
先不要縫合。

※頭部作法參閱page39。

3 製作尾巴＆疏縫於側身。

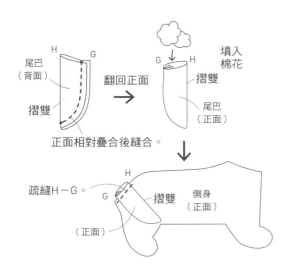

尾巴（背面）
H　G
摺雙
正面相對疊合後縫合。
翻回正面
填入棉花
摺雙
G　H
尾巴（正面）
疏縫H－G。
H　G
摺雙
側身（正面）
（正面）

7 確實填入棉花。

8 裝飾上表情就完成了！

4 將腳部內側縫合於身體腹部（參閱page62）。

5 製作身體（參閱page63）。

6 縫合頭部＆身體，翻回正面。

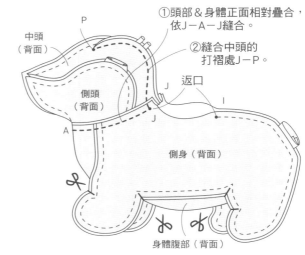

①頭部＆身體正面相對疊合，依J－A－J縫合。

②縫合中頭的打褶處J－P。

中頭（背面）
P
側頭（背面）
返口
J
I
A
J
側身（背面）
身體腹部（背面）

③縫合中頭的打褶處J－P。（另一側縫法亦同）

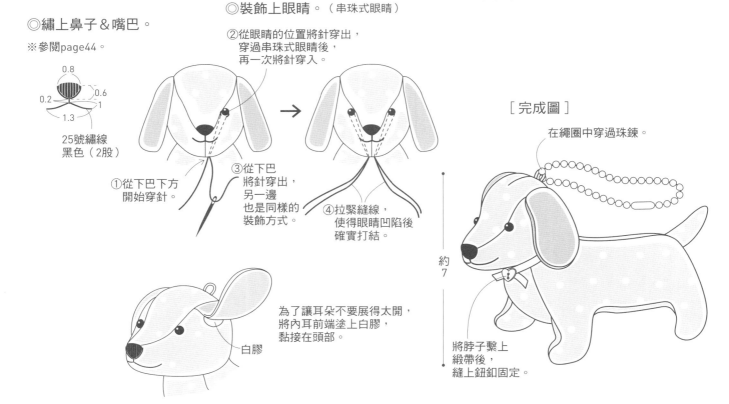

◎繡上鼻子＆嘴巴。

※參閱page44。

0.8
0.2　　0.6
1
1.3
25號繡線
黑色（2股）

◎裝飾上眼睛。（串珠式眼睛）

②從眼睛的位置將針穿出，穿過串珠式眼睛後，再一次將針穿入。

①從下巴下方開始穿針。

③從下巴將針穿出，另一邊也是同樣的裝飾方式。

④拉緊縫線，使得眼睛凹陷後確實打結。

［完成圖］

在繩圈中穿過珠鍊。

約7

將脖子繫上緞帶後，縫上鈕釦固定。

為了讓耳朵不要展得太開，將內耳前端塗上白膠，黏接在頭部。

白膠

貓咪吉祥物

作品 page35　原寸紙型 B面（11個部件）

●●●●●●●●●●●●●●●●●●●●●●●●●●●●●●

●材料（1隻）
毛巾布…杏色（或褐色）20×20cm・白色13×10
cm、HAMANAKA Crystal Eye…Crystal 褐色6mm
（H220-106-17）2個、棉花適量、25號繡線…粉紅
色・褐色各適量、直徑0.1cm圓繩3cm、直徑0.2cm珠
鍊15cm

●完成尺寸　參閱圖示
●作法
※在紙型周圍外加0.3cm的縫份後再裁剪。
1　製作耳朵（外側耳朵為杏色，內側耳朵為白
　　色），連接上側頭。
2　將圓繩作一繩圈縫合固定於中頭，製作頭部（參
　　閱page70・68）。
3　製作手部。
4　將手部接縫於側身，縫合打褶處。
5　縫合身體腹部&側身。

6　製作尾巴（參閱page58）&疏縫於側身。
7　縫合頭部&身體。
8　縫合身體&身體底部，翻回正面。
9　將頭部&身體確實填入棉花，以コ字形縫合返口
　　（參閱page42）。
10　裝飾上眼睛、繡上鼻子、嘴巴。Crystal Eye的方法
　　參閱page75，鼻子&嘴巴的繡法參閱page44。
11　製作腳部&接縫於身體。在繩圈中穿過珠鍊。

〔 裁布圖 〕

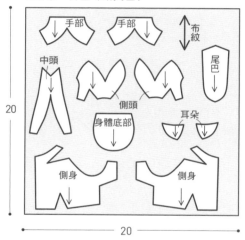

毛巾布・杏色（或黃色）
20
20

毛巾布・白色
13
10

※所有部件紙型
　皆需外加0.3cm縫份後
　再裁剪。

1 製作耳朵，連接上側頭
　（參閱page54）。

2 製作頭部（參閱page68）。
　※繩圈的連接方式參閱page70。

3 製作手部。

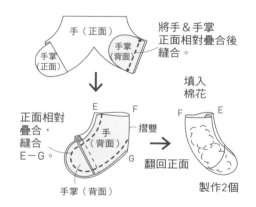

將手&手掌
正面相對疊合後
縫合

填入
棉花

正面相對
疊合，
縫合
E－G。

翻回正面

製作2個

4 將手部接縫於側身，
　縫合打褶處。

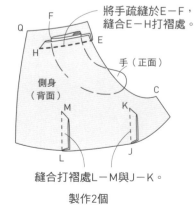

將手疏縫於E－F，
縫合E－H打褶處。

縫合打褶處L－M與J－K。

製作2個

5 縫合身體腹部&側身。

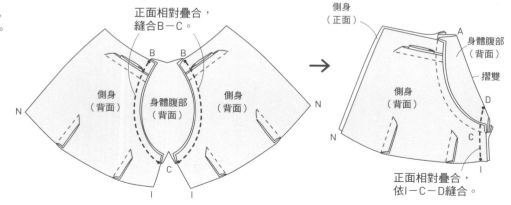

正面相對疊合，
縫合B－C。

正面相對疊合，
依I－C－D縫合。

6 製作尾巴＆疏縫於側身。

※尾巴的作法參閱page58。

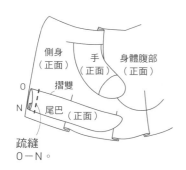

側身（正面）　手（正面）　身體腹部（正面）

O

摺雙

N

尾巴（正面）

疏縫 O－N。

7 縫合頭部＆身體。

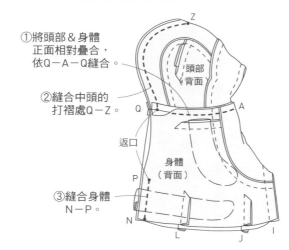

①將頭部＆身體正面相對疊合，依Q－A－Q縫合。

②縫合中頭的打褶處Q－Z。

返口

③縫合身體 N－P。

Z

頭部（背面）

A

Q

身體（背面）

P

N　L　J　I

8 縫合身體＆身體底部，翻回正面。

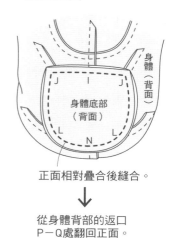

L

頭部

J　I　J

身體底部（背面）

L　L

N

身體（背面）

正面相對疊合後縫合。

↓

從身體背部的返口 P－Q處翻回正面。

9 確實填入棉花。

10 裝接眼睛，繡上鼻子＆嘴巴。

※眼睛（Crystal Eye）的裝接方法參閱page75。

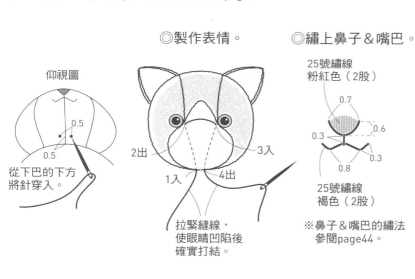

仰視圖

0.5

0.5

從下巴的下方將針穿入。

◎製作表情。

2出　3入

1入　4出

拉緊縫線，使眼睛凹陷後確實打結。

◎繡上鼻子＆嘴巴。

25號繡線 粉紅色（2股）

0.7

0.3　0.6

0.3

0.8

25號繡線 褐色（2股）

※鼻子＆嘴巴的繡法參閱page44。

［完成圖］

珠鍊

約 9.5

11 製作腳部＆接縫於身體上。

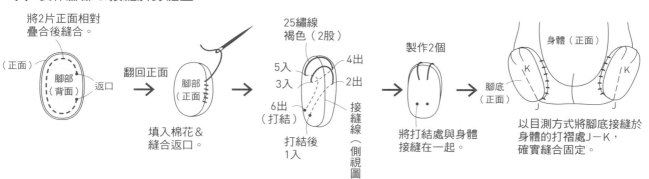

將2片正面相對疊合後縫合。

（正面）

腳部（背面）

返口

→

翻回正面

腳部（正面）

填入棉花＆縫合返口。

→

25繡線 褐色（2股）

5入　4出

3入　2出

6出（打結）

接縫線（側視圖）

打結後 1入

→

製作2個

將打結處與身體接縫在一起。

→

身體（正面）

腳底（正面）

K　K

J

以目測方式將腳底接縫於身體的打褶處J－K，確實縫合固定。

小狗吉祥物
（黃金獵犬）

作品 page32・33
原寸紙型 page78（7個部件）
••••••••••••••••••••••••••••••••••

●材料
毛巾布…杏色15×20cm、HAMANAKA Crystal Eye…
Crystal 褐色6mm（H220-106-17）2個、棉花適量、
25號繡線…黑色適量、寬0.3cm緞帶12cm、直徑0.5cm
鈕釦3個、直徑0.1cm圓繩3cm、金屬鑰匙圈1個

●完成尺寸　參閱圖示
●作法
※在紙型周圍外加0.3cm的縫份後再裁剪。
1 製作耳朵（參閱page70）。
2 頭部連接上耳朵與繩圈，再縫上打褶處。
3 將頭部縫合，連接上嘴部。
4 製作腳部＆疏縫於腹部。
5 製作尾巴（參閱page58）＆疏縫於背部。
6 將背部縫合於腹部兩側。

7 縫合頭部＆腹部－背部，翻回正面。
8 將頭部＆身體確實填入棉花，以コ字形縫合返口
　（參閱page42）。
9 裝飾上眼睛，繡上鼻子＆嘴巴就完成了（鼻子＆
　嘴巴的繡法參閱page44）。最後，將裝飾上鈕釦
　的緞帶圍繞頸部一圈＆固定於後側，再將繩圈連
　接上鑰匙圈。

[裁布圖]

毛巾布・杏色

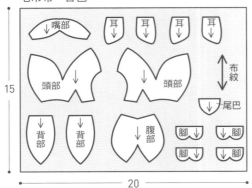

15

20

※所有部件紙型皆需外加0.3cm縫份後再裁剪。

1 製作耳朵（參閱page70）。

2 將頭部連接上耳朵＆繩圈，再縫上打褶處。

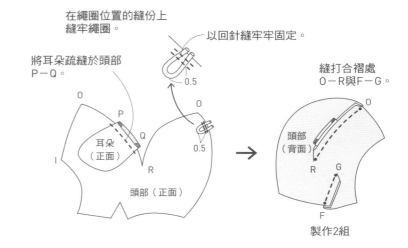

在繩圈位置的縫份上
縫牢繩圈。

以回針縫牢牢固定。

將耳朵疏縫於頭部
P－Q。

縫打合褶處
O－R與F－G。

製作2組

3 將頭部縫合，連接上嘴部。

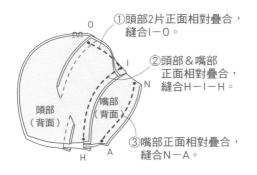

①頭部2片正面相對疊合，
縫合I－O。

②頭部＆嘴部
正面相對疊合，
縫合H－I－H。

③嘴部正面相對疊合，
縫合N－A。

4 製作腳部＆疏縫於腹部。

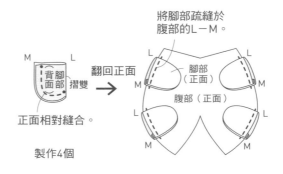

將腳部疏縫於
腹部的L－M。

翻回正面

正面相對縫合。

製作4個

5 製作尾巴＆疏縫於背部。

※尾巴的作法參閱page58。

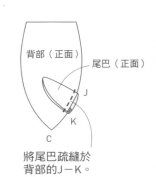

將尾巴疏縫於
背部的J－K。

6 將背部縫合於腹部兩側。

正面相對疊合，
縫合B－C。

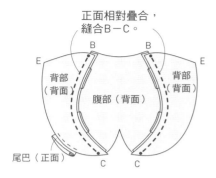

E
背部
（背面）
B
腹部（背面）
B
背部
背面
E
尾巴（正面）
C C

7 縫合頭部＆腹部－背部。

正面相對疊合，
依E－A－E縫合。

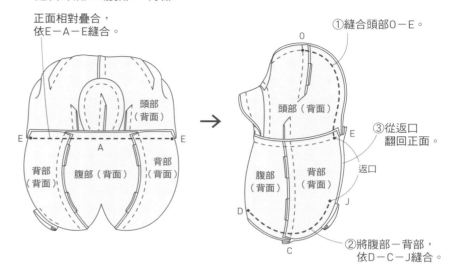

①縫合頭部O－E。
頭部
（背面）
O
頭部（背面）
E
③從返口
翻回正面。
返口
E
背部
（背面）
腹部（背面）
背部
（背面）
A
E E
腹部
（背面）
背部
（背面）
J
D
C
②將腹部－背部，
依D－C－J縫合。

8 確實填入棉花。

9 裝飾上表情即完成。

◎裝飾上眼睛（Crystal Eye）。

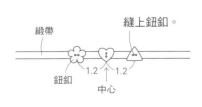

Crystal Eye

①以木錐於眼睛的位置打孔，
將眼睛沾上白膠後插入。

②待白膠乾燥後，
從下巴的下方穿入針，
於雙眼間將線穿入，
再於下巴的下方
將針穿出。

③拉緊縫線，
使眼睛凹陷後
確實打結。

◎繡上鼻子＆嘴巴。 ※參閱page44

0.8
0.7
0.5
0.3
1

繡上25號繡線
黑色（2股）

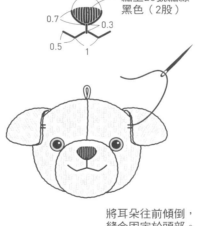

將耳朵往前傾倒，
縫合固定於頭部。

［完成圖］

金屬鑰匙圈

約
8

◎連接上項圈。

緞帶
縫上鈕釦。
鈕釦
1.2 1.2
中心

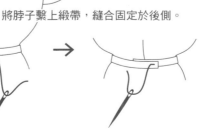

頭部
後側

將脖子繫上緞帶，縫合固定於後側。

小狗吉祥物
（巴哥犬・法國鬥牛犬）

作品 page32・33
原寸紙型 page78
（巴哥犬 7個部件・法國鬥牛犬 9個部件）

‥‥‥‥‥‥‥‥‥‥‥‥‥‥‥‥‥‥

●巴哥犬　材料
毛巾布…杏色12×20cm・褐色5×10cm・深褐色5×10cm、HAMANAKA Solid Eye…黑色6mm（H221-306-1）2個、棉花適量、25號繡線…黑色適量、寬

0.3cm緞帶12cm、直徑0.5cm鈕釦3個、直徑0.1cm圓繩3cm、金屬鑰匙圈1個

●完成尺寸　參閱圖示
●作法
參閱page74・75的黃金獵犬。Solid Eye裝接方法同Crystal Eye。
※所有部件紙型皆需外加0.3cm縫份後再裁剪。

●法國鬥牛犬　材料
毛巾布…白色10×20cm・深褐色10×15cm、合成皮革…白色2×3cm、HAMANAKA Solid Eye…黑色6mm

（H221-306-1）2個、棉花適量、25號繡線…黑色適量、寬0.3cm緞帶12cm、直徑0.5cm鈕釦3個、直徑0.1cm圓繩3cm、五金材料 單圈・問號鉤・吊飾繩 各1個、粉蠟筆…粉紅色

●完成尺寸　參閱圖示
●作法
耳朵製作方法參閱page50（外側耳朵為深褐色，內側耳朵為白色），整體作法參閱page74・78的黃金獵犬。頭部作法（3）同page77的威爾斯柯基犬。
※除了眼睛之外，其餘部件紙型皆需外加0.3cm縫份後再裁剪。

巴哥犬
［裁布圖］

※參閱page74・75。

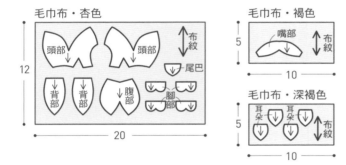

※所有部件紙型皆需外加0.3cm縫份後再裁剪。

[完成圖]

金屬鑰匙圈

縫合固定耳朵前端。

裝飾眼睛的方法同Crystal Eye（參閱page75）。

約8

法國鬥牛犬
［裁布圖］

※頭部的製作方法參閱page77，其他部分參閱page74・75。

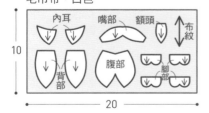

◎裝接眼睛。

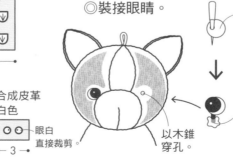

以木錐穿孔。

將眼白的部分裁剪下，以木錐於眼睛的位置穿孔。

將Solid Eye穿過眼白的小孔，沾上白膠後插入眼睛的預定位置。

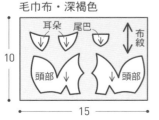

[完成圖]

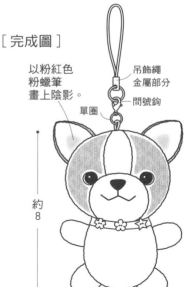

以粉紅色粉蠟筆畫上陰影。

吊飾繩金屬部分
問號鉤
單圈

約8

※除了眼白之外，其餘部件紙型皆需外加0.3cm縫份後再裁剪。

小狗吉祥物
（威爾斯柯基犬）

作品 page32・33
原寸紙型 page78（9個部件）

●材料
毛巾布…褐色15×15cm・白色10×10cm・深褐色5×10cm、HAMANAKA Crystal Eye…Crystal 褐色6mm（H220-106-17）2個、棉花適量、25號繡線…黑色適量、寬0.3cm緞帶12cm、直徑0.5cm鈕釦3個、直徑0.1cm圓繩3cm、五金材料 單圈・問號鉤・吊飾繩 各1個

●完成尺寸　參閱圖示
●作法
※整體作法參閱page74・75的黃金獵犬。請在紙型周圍外加0.3cm縫份後再裁剪。
1 製作耳朵（參閱page50），外側耳朵為深褐色，內側耳朵為白色。
2 頭部連接上耳朵＆繩圈，再縫上打褶處。
3 縫合頭部＆額頭，再接縫上嘴部。
4 縫合腹部兩側＆側腹部。製作腳部＆疏縫於側腹部。
5 製作尾巴（參閱page58）＆疏縫於背部。。
6 將背部縫合於兩側的側腹部。
7 縫合頭部＆步驟6的成品，再翻回正面。
8 將頭部與身體確實填入棉花，以コ字形縫合返口（參閱page42）。
9 裝飾上眼睛，繡上鼻子＆嘴巴就完成了（鼻子＆嘴巴的繡法參閱page44）！最後，繫上裝飾有鈕釦的緞帶＆固定於後側，再在繩圈上連接已連接問號鉤的單圈，與吊飾繩金屬部位連接起來。

威爾斯柯基犬 ［裁布圖］
※參照page74・75。

毛巾布・褐色
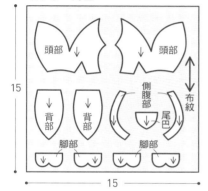

毛巾布・白色
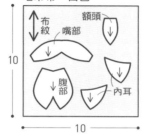

毛巾布・深褐色
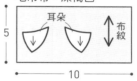

※在紙型周圍外加0.3cm縫份後再裁剪。

3 縫合頭部＆額頭，再接縫上嘴部。
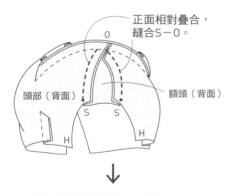
接縫上嘴部（參閱page74）。

4 縫合腹部＆側腹部。
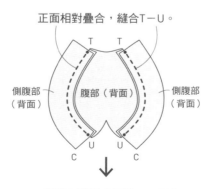
疏縫上腳部（參閱page74）。

［完成圖］

小狗吉祥物×4　原寸紙型

作品 page32・33

☆＝黃金獵犬…7個部件
♣＝巴哥犬…7個部件
♪＝法國鬥牛犬…9個部件
△＝威爾斯柯基犬…9個部件

部件數請見各共用紙型之標註。除了法國鬥牛犬（♪）的眼白之外，其部件
皆請在紙型周圍外加0.3cm縫份後再裁剪。

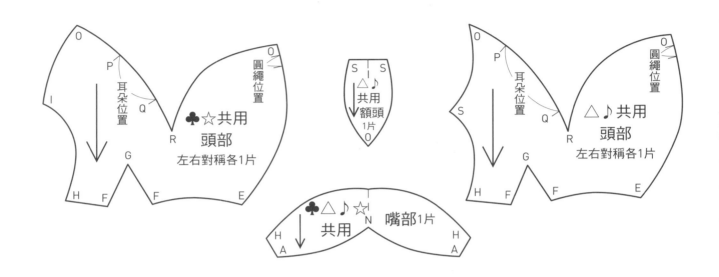

孔洞位置

♪眼白
直接剪下2片。

左右對稱各2片

♣耳朵

左右對稱各1片

△♪共用耳朵內耳

左右對稱各2片

☆耳朵

返口

♣△♪☆腳

4種皆共用
4片

♣△♪☆尾巴

4種皆共用
1片

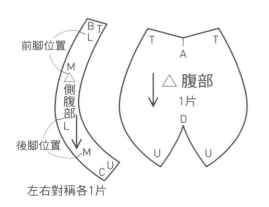

前腳位置

△側腹部

後腳位置

左右對稱各1片

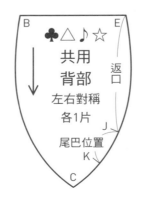

△腹部
1片

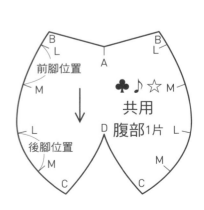

♣△♪☆共用背部
左右對稱各1片

返口

尾巴位置

前腳位置

♣♪☆共用腹部1片

後腳位置

78

法國鬥牛犬

作品 page18・19　原寸紙型 A面（17個部件）

●●●●●●●●●●●●●●●●●●●●●●●●●●●●●●●●●●●●●

●材料
毛巾布…白色27×60cm・黑色19×29cm、不織布…
白色7×16cm、合成皮革…白色2×3cm、HAMANAKA
Plastic Eye…黑色9mm（H430-301-9）2個、棉花適
量、5號繡線…黑色適量、粉蠟筆…粉紅色

●完成尺寸　參閱圖示
●作法
※詳細作法參閱page46至48的Lesson。
1　製作耳朵。
2　側頭連接上耳朵，縫上打褶處。
3　製作鼻子上緣＆縫合嘴部。
4　縫合中頭＆側頭。
5　縫合嘴部與步驟4，製作頭部。
6　製作尾巴＆身體。
7　縫合頭部＆身體，翻回正面。

8　將頭部・腳部・身體的整體確實填入棉花，以コ
　　字形縫合返口（參閱page42）。
9　連接眼睛＆眼白。
10　繡上鼻子＆嘴巴（參閱page44），繡上腳爪。
11　沿著鼻子上緣的線條到雙眼間的凹陷處，製作表
　　情（參閱page67・75）。

［裁布圖］

※詳細作法參閱page46至48。

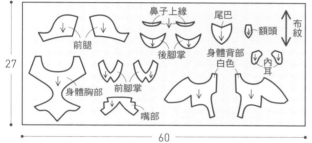

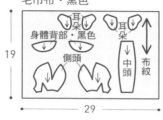

※除了眼白以外，其餘部件紙型皆需外加0.3cm縫份後再裁剪。

［完成圖］

◎使雙眼之間凹陷下去。
（參閱page67・75）

沿著鼻子上緣穿線，
作出凹陷。

眼珠的下方
貼上眼白。

◎繡上腳爪。

※繡法參閱page57。

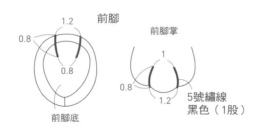

約
14.5

◎繡上鼻子＆嘴巴。

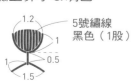

※為了讓打結的部分不要太顯眼，
　請從打結處將針穿入，
　將縫線拉入中間隱藏起來。

※使用布料的毛皮比較長時，
　為了讓打結的部分不要太顯眼，
　將打結處藏入內裡也是很好的方式。

趣・手藝 44

動物系人氣手作！
DOGS & CATS・可愛の掌心貓狗動物偶（暢銷版）

作　　　者／須佐沙知子
譯　　　者／Alicia Tung
發　行　人／詹慶和
選　書　人／Eliza Elegant Zeal
執行編輯／陳姿伶
編　　　輯／蔡毓玲・劉蕙寧・黃璟安・陳昕儀
封面設計／翟秀美・陳麗娜
美術編輯／周盈汝・韓欣恬
內頁排版／造極
出　版　者／Elegant-Boutique新手作
發　行　者／悅智文化事業有限公司　　郵政劃撥帳號／19452608
戶　　　名／悅智文化事業有限公司
地　　　址／220新北市板橋區板新路206號3樓
網　　　址／www.elegantbooks.com.tw
電子郵件／elegant.books@msa.hinet.net
電　　　話／(02)8952-4078
傳　　　真／(02)8952-4084

2015年1月初版一刷
2020年5月二版一刷　　定價300元

SUSA SACHIKO NO NUIGURUMI DOGS & CATS(NV80314)
Copyright © 2013 Sachiko Susa/ NIHON VOGUE-SHA
All rights reserved.
Photographer：Toshikatsu Watanabe, Noriaki Moriya, Kana Watanabe
Original Japanese edition published in Japan by Nihon Vogue Co., Ltd.
Traditional Chinese translation rights arranged with Nihon Vogue Co., Ltd.
through Keio Cultural Enterprise Co., Ltd.
Traditional Chinese edition copyright © 2015 by Elegant Books Cultural
Enterprise Co., Ltd.

經銷／易可數位行銷股份有限公司
地址／新北市新店區寶橋路235巷6弄3號5樓
電話／(02)8911-0825　　傳真／(02)8911-0801

版權所有・翻印必究
※本書作品禁止任何商業營利用途（店售・網路販售等）＆刊載，
請單純享受個人的手作樂趣。
※本書如有缺頁，請寄回本公司更換。

國家圖書館出版品預行編目(CIP)資料

動物系人氣手作!DOGS&CATS.可愛の掌心貓狗動物
偶 / 須佐沙知子著；Alicia Tung譯.
-- 二版. -- 新北市：新手作出版：悅智文化發行,
2020.05
　　面；　公分. -- (趣.手藝；44)
ISBN 978-957-9623-51-3(平裝)

1.洋娃娃 2.手工藝

426.78　　　　　　　　　　　　109005303

Staff

攝　　　影／渡辺淑克（作品）・森谷則秋・渡辺華奈（製版）
版面樣式／絵內友美
編排設計／合田彩
編輯合作・描繪／しかのるーむ
編　　　輯／佐々木純

協力廠商（材料・用具販售商）
HAMAKANA株式會社
〒 616-8585 京都市右京区花園薮ノ下町 2-3

Clover株式會社
〒 537-0025 大阪市東成区中道 3-15-5

金亀系業株式會社
〒 103-0004 東京都中央区東日本橋 1-2-15

攝影協助
アワビーズ
〒 151-0051 東京都渋谷区千駄ヶ谷3-50-11 明星ビル5階

DOGS&CATS

Elegantbooks
以閱讀，
享受幸福生活

雅書堂　EB新手作
雅書堂文化事業有限公司
22070新北市板橋區板新路206號3樓
facebook 粉絲團:搜尋 雅書堂
部落格 http://elegantbooks2010.pixnet.net/blog
TEL:886-2-8952-4078　・　FAX:886-2-8952-4084

趣・手藝 41
Q萌玩偶出沒注意！
輕鬆手作112隻療癒系の可愛不
織布動物
BOUTIQUE-SHA◎授權
定價280元

趣・手藝 42
【完整教學圖解】
摺×疊×剪×刻4步驟完成120
款美麗剪紙
BOUTIQUE-SHA◎授權
定價280元

趣・手藝 43
9位人氣作家可愛發想大集合
每天都想使用の萬用橡皮章圖
案集
BOUTIQUE-SHA◎授權
定價280元

趣・手藝 44
動物系人氣手作！
DOGS & CATS・可愛の掌心
貓狗動物偶（暢銷版）
須佐沙知子◎著
定價300元

趣・手藝 45
初學者の第一本UV膠飾品教科書
從初學到進階！製作超人氣作
品の完美小祕訣All in one！
熊崎堅一◎監修
定價350元

趣・手藝 46
定食・麵包・拉麵・甜點・蔬菜
完成100%！輕鬆作1/12の微型樹
脂土美食76道（暢銷版）
ちょび子◎著
定價320元

趣・手藝 47
全齡OK！親子同樂腦力遊戲完
全版、趣味翻花繩大全集
野口廣◎監修
主婦之友社◎授權
定價399元

趣・手藝 48
牛奶盒作の！美麗布盒設計60選
清爽收納空間點綴的好點子
BOUTIQUE-SHA◎授權
定價280元

趣・手藝 50
CANDY COLOR TICKET
超可愛の糖果系透明樹脂×樹脂
土甜點飾品
CANDY COLOR TICKET◎著
定價320元

趣・手藝 49
原來是黏土！MARUGO的彩色
多肉植物日記·自然素材·風
格雜貨·造型盆器懶人在家
也能作の經典多肉植物黏土
ZAKKA 27（暢銷版）
丸子（MARUGO）◎著
定價350元

趣・手藝 51
Rose window美麗&透光：玫瑰
窗對稱剪紙
平田朝子◎著
定價280元

趣・手藝 52
玩點土・作陶器！
可愛北歐風別針77選
BOUTIQUE-SHA◎授權
定價280元

趣・手藝 53
New Open・開心玩！開一間超
人氣の不織布甜點屋
堀內さゆり◎著
定價280元

趣・手藝 54
Paper・Flower・Gift：小清新
生活美學·可愛の立體剪紙花
飾四季帖
くまだまり◎著
定價280元

趣・手藝 55
每日の趣味·剪開信封輕鬆製作
紙雜貨你一定會作的N個可愛
版紙藝術
宇田川一美◎著
定價280元

趣・手藝 56
可愛限定！KIM'S 3D不織布動
物遊樂園（暢銷精選版）
陳春金・KIM◎著
定價320元

趣・手藝 57
家家酒開店指南：不織布の幸
福料理日誌
BOUTIQUE-SHA◎授權
定價280元

趣・手藝 58
花·葉·果實の立體刺繡書
以纖絲勾勒輪廓·繡製出漸層
色彩的立體花朵（暢銷版）
アトリエFil◎著
定價280元

趣・手藝 59
點土×環氧樹脂·袖珍食物&
微型店舖230選
Plus 11間商店街店舖造景教學
大野幸子◎著
定價350元

趣・手藝 60
可愛到不行的不織布點心
（暢銷版）
寺西恵里子◎著
定價280元

趣・手藝 61
雜貨迷超愛的木器彩繪練習本
20位人氣作家×5大季節主題
·一本學會就上手
BOUTIQUE-SHA◎授權
定價350元

趣・手藝 62
不織布Q手作·超萌狗狗總動員
陳春金・KIM◎著
定價350元

趣・手藝 63
晶瑩剔透超美的！樹脂熱縮片
飾品創作集
一本OK！完整學會熱縮片の
著色·造型·應用技巧……
NanaAkua◎著
定價350元

趣・手藝 64
開心玩黏土！MARUGO彩色多
肉植物日記2
懶人派經典多肉植物&盆栽小
花園
丸子（MARUGO）◎著
定價350元

趣・手藝 65
一學就會の立體浮雕刺繡可愛
圖案集
Stumpwork基礎實作：填充物
+懸浮式技巧全圖解公開！
アトリエFil◎著
定價320元

趣・手藝 66
家用烤箱OK！一試就會作的陶
土胸針&造型小物
BOUTIQUE-SHA◎授權
定價280元

趣・手藝 67
從可愛小圖開始學縫十字繡
格子×玩填色×特色圖案900+
大圖まこと◎著
定價280元

趣・手藝 68
超質感·細緻又可愛的UV膠飾
品Best37：開心玩×簡單作·
手作女孩的加分飾品&NG初挑
戰！
張家慧◎著
定價320元

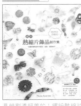

趣·手藝 69

清新·自然～刺繡人最愛的花草模樣手繡帖
點與線模樣製作所 岡理惠子◎著
定價320元

趣·手藝 70

好想抱一下的軟QQ襪子娃娃
陳春金·KIM◎著
定價350元

趣·手藝 71

袖珍屋の料理廚房：黏土作的迷你人氣甜點&美食best82
ちよび子◎著
定價320元

趣·手藝 72

可愛北歐風の小巾刺繡：47個簡單好作的日常小物
BOUTIQUE-SHA◎授權
定價280元

趣·手藝 73

不能吃の～袖珍模型麵包雜貨：閒得好作麵包香喔！不玩黏土，搖錢喔！
ぱんころもち·カリーノぱん◎合著
定價280元

趣·手藝 74

小小廚師の不織布料理教室
BOUTIQUE-SHA◎授權
定價300元

趣·手藝 75

親手作寶貝的好可愛圍兜兜：基本款、外出款、時尚款、趣味款、功能款，穿搭變化一極棒！
BOUTIQUE-SHA◎授權
定價320元

趣·手藝 76

手縫俏皮の不織布動物造型小物
やまもと ゆかり◎著
定價280元

趣·手藝 77

超可愛的迷你size！袖珍甜點黏土手作課
関口真優◎著
定價350元

趣·手藝 78

華麗の盛放！超大朵紙花設計集：空間&櫥窗陳列、過櫥&派對布置、特色攝影必備！（暢銷版）
MEGU（PETAL Design）◎著
定價380元

趣·手藝 79

收到會微笑！讓人超暖心の手工立體卡片
鈴木孝美◎著
定價320元

趣·手藝 80

手捏胖嘟嘟×圓滾滾の黏土小鳥
ヨシオミドリ◎著
定價350元

趣·手藝 81

無限可愛の UV膠&熱縮片飾品120選
キムラプレミアム◎著
定價320元

趣·手藝 82

超對味簡單の UV膠飾品100選
キムラプレミアム◎著
定價320元

趣·手藝 83

寶貝最愛的可愛造型趣味摺紙書：動物手指套動點點×一摺摺一邊玩
いしばし なおこ◎著
定價280元

趣·手藝 84

超精選！有131隻喔！簡單手縫可愛的不織布動物玩偶
BOUTIQUE-SHA◎授權
定價300元

趣·手藝 85

靈活現與&想像力！百變立體造型的三角摺紙趣味手作
岡田郁子◎著
定價300元

趣·手藝 86

暖萌！玩偶の不織布手作遊戲
BOUTIQUE-SHA◎授權
定價300元

趣·手藝 87

超可愛手作課！輕鬆手縫84個不織布造型偶
たちばなみよこ◎著
定價320元

趣·手藝 88

集合囉！超可愛的黏土動物同樂會
幸福豆手創館（胡瑞娟 Regin）◎著
定價350元

趣·手藝 89

超可愛！換裝娃娃×動物摺紙58變
いしばし なおこ◎著
定價300元

趣·手藝 90

捲筒紙芯變花樣
另一剪&捏一捏，紙捲花開了！
阪本あやこ◎著
定價300元

趣·手藝 91

可愛感狂飆！超簡單！動物系黏土迴力車
幸福豆手創館（胡瑞娟 Regin）◎著
定價320元

趣·手藝 92

Petty's手作放人誌：超可愛網美風黏土娃娃
蔡青芬◎著
定價350元

趣·手藝 93

手繪植物風橡皮章應用圖帖
HUTTE.◎著
定價350元

趣·手藝 94

清新&可愛小刺繡圖案300+：一起來繡花朵、小動物、日常雜貨吧！
BOUTIQUE-SHA◎授權
定價320元

趣·手藝 95

甜在心·剛剛好×精緻可愛！MARUGO教你作職人の手捏黏土和菓子
丸子（MARUGO）◎著
定價350元

趣·手藝 96

有119隻喔！童話Q版の可愛動物不織布玩偶
BOUTIQUE-SHA◎授權
定價300元

趣·手藝 97

大人的優雅摺摺紙花：輕鬆上手！基本技法&配色要點一次學會！
なかたにもとこ◎著
定價350元

趣·手藝 98

色彩×幾何大挑戰！立體的組合式摺紙彩球設計24例
BOUTIQUE-SHA◎授權
定價350元

趣·手藝 99

英倫風手繪可愛刺繡500選
E＆G Creates◎授權
定價380元

超·手藝 100

超可愛娃娃布偶&木頭偶
5人作家愛藏精選！美式鄉村風×漫畫繪本人物×童話幻想
今井のりこ·鈴木治子·斉藤千里田畑聖子·坪井いづよ◎授權
定價380元

趣·手藝 101

清新又可愛！有設計感の水引繩結飾品
mizuhikimie◎著
定價320元